水资源与水环境综合管理规划研究

张晓红 ◎著

北京工业大学出版社

图书在版编目（CIP）数据

水资源与水环境综合管理规划研究 / 张晓红著．—
北京 ：北京工业大学出版社，2022.12
ISBN 978-7-5639-8356-8

Ⅰ．①水… Ⅱ．①张… Ⅲ．①水资源管理—研究
Ⅳ．① TV213.4

中国版本图书馆 CIP 数据核字（2022）第 083688 号

水资源与水环境综合管理规划研究
SHUIZIYUAN YU SHUIHUANJING ZONGHE GUANLI GUIHUA YANJIU

著　　者：张晓红
责任编辑：贺　帆
出版发行：北京工业大学出版社
（北京市朝阳区平乐园 100 号　邮编：100124）
010-67391722（传真）　bgdcbs@sina.com
经销单位：全国各地新华书店
承印单位：北京四海锦诚印刷技术有限公司
开　　本：787 毫米 ×1092 毫米　1/16
印　　张：11.5
字　　数：222 千字
版　　次：2024 年 7 月第 1 版
印　　次：2024 年 7 月第 1 次印刷
标准书号：ISBN 978-7-5639-8356-8
定　　价：52.00 元

前　言

水是人类及其他生物赖以生存的不可缺少的生命之源，也是工农业生产、社会经济发展和生态环境改善不可替代的极为宝贵的自然资源。然而，自然界中的水资源是有限的，人口的增长与经济社会的发展使得人们对水资源的需求量不断增加。水资源短缺和水环境污染问题日益突出，严重地困扰着人类的生存和发展。合理开发与利用水资源、加强水资源管理与保护已经成为当前人类为维持环境、经济和社会可持续发展的重要手段和保证措施。因此，编写一本能够全面系统介绍水资源利用与保护的基本原理、方法和原则及新技术、新发展的著作具有重要的现实意义。

水资源危机是我国可持续发展面临的重大挑战。面对这项挑战，如何评价和把握人口、经济、水资源和生态环境等的协调发展成为一项迫在眉睫的任务。在限定条件下，可再生利用的水资源究竟能够支撑多大规模的社会？回答这个问题，有助于解决我国水资源危机的核心问题。随着农业的迅速发展和人们用水量的增加，水资源的供需矛盾也日益突出。因此，在我国必须对水资源的开发利用、规划布局、水资源保护以及经营管理各个方面，按照国家制定的政策法规，进行统一的、系统的科学化管理，使我国有限的水资源得到有效的、合理的利用，不致浪费，以满足我国经济发展的需要。本书首先从水资源的基础认知出发，对水资源的管理、制度标准化及技术等做了详细的分析，然后对重点领域水环境的治理进行阐述，最后对水环境的保护进行升华与总结。本书可作为高等学校水利环境、市政等专业学生的主要参考书，也可供相关专业的科技和工程技术人员参考使用。

前言

目　录

第一章　水资源的基础认知

第一节　水资源量及分布

一、水资源概述

水是生命之源，是人类赖以生存和发展的不可缺少的一种宝贵资源，是自然环境的重要组成部分，是社会可持续发展的基础条件。水是由氢、氧两种元素组成的无机物，在常温常压下为无色无味的透明液体。水包括天然水（河流、湖泊、大气水、海水、地下水等）和人工制水（通过化学反应使氢、氧原子结合得到水）。

地球上的水覆盖了地球 71% 以上的表面，地球上这么多的水是从哪儿来的？地球上本来就有水吗？关于地球上水的起源在学术界上存在很大的分歧，目前有几十种不同的水形成学说。有的观点认为在地球形成初期，原始大气中的氢、氧化合成水，水蒸气逐步凝结下来并形成海洋；有的观点认为，形成地球的星云物质中原先就存在水的成分；有的观点认为，原始地壳中硅酸盐等物质受火山影响而发生反应、析出水分；有的观点认为，被地球吸引的彗星和陨石是地球上水的主要来源，甚至地球上的水还在不停增加。

水资源的概念有广义和狭义之分。广义上的水资源，是指能够直接或间接使用的各种水和水中物质，对人类活动具有使用价值和经济价值的水均可称为水资源。狭义上的水资源，是指在一定经济技术条件下，人类可以直接利用的淡水。水资源是维持人类社会存在并发展的重要自然资源之一，它应当具有如下特性：能够被利用；能够不断更新；具有足够的水量；水质能够满足用水要求。

水资源作为自然资源的一种，具有许多自然资源的特性，同时具有许多独特的特性。为合理有效地利用水资源，充分发挥水资源的环境效益、经济效益和社会效益，我们需充分认识水资源的基本特点。

（一）循环性

地球上的水体受到太阳能的作用，不断地进行相互转换和周期性的循环过程，而且循环过程是永无止境的、无限的，水资源在水循环过程中能够不断恢复、更新和再生，并在一定时空范围内保持动态平衡。循环过程的无限性使得水资源在一定开发利用状况下是取之不尽、用之不竭的。

（二）有限性

在一定区域和一定时段内，水资源的总量是有限的，更新和恢复的水资源量也是有限的，水资源的消耗量不应该超过水资源的补给量。以前，人们认为地球上的水是无限的，从而导致不合理地开发水资源，引起水资源短缺、水环境破坏和地面沉降等一系列不良后果。

（三）不均匀性

水资源的不均匀性包括水资源在时间和空间两个方面上的不均匀性。由于受气候和地理条件的影响，不同地区水资源的分布有很大差别，例如，我国总的来讲，东南多，西北少；沿海多，内陆少；山区多，平原少。水资源在时间上的不均匀性，主要表现在水资源的年际和年内变化幅度大，例如，我国降水的年内分配和年际分配都极不均匀，汛期 4 个月的降水量占全年降水量的比率，南方约为 60%，北方则为 80%；最大年降雨量与最小年降雨量的比，南方为 2 ~ 4 倍，北方为 3 ~ 6 倍。水资源在时间、空间分布上的不均匀性，给水资源的合理开发利用带来很大困难。

（四）多用途性

水资源作为一种重要的资源，在国民经济各部门中的用途是相当广泛的，不仅能够用于农业灌溉、工业用水和生活供水，还可以用于水力发电、航运、水产养殖、旅游娱乐和环境改造等。随着人们生活水平的提高和社会国民经济的发展，人们对水资源的需求量不断增加，很多地区出现了水资源短缺的现象，水资源在各个方面的竞争日趋激烈。如何解决水资源短缺问题、满足水资源在各方面的需求是急需解决的问题之一。

（五）不可代替性

水是生命的摇篮，是一切生物的命脉，如对于人来说，水是仅次于氧气的重要物质。水在维持人类生存、社会发展和生态环境等方面的作用是其他资源无法代替的，水资源的短缺会严重制约社会经济的发展和人民生活的改善。

（六）两重性

水资源是一种宝贵的自然资源，水资源可被用于农业灌溉、工业供水、生活供水、水力发电、水产养殖等各个方面，推动社会经济的发展，提高人民的生活水平，改善人类生存环境，这是水资源有利的一面；同时，水量过多，容易造成洪水泛滥等自然灾害，水量过少，容易造成干旱等自然灾害，影响人类社会的发展，这是水资源有害的一面。

（七）公共性

水资源的用途十分广泛，各行各业都离不开水，这就使得水资源具有了公共性。《中华人民共和国水法》明确规定，水资源属于国家所有，水资源的所有权由国务院代表国家行使，国务院水行政主管部门负责全国水资源的统一管理和监督工作；任何单位和个人引水、截（蓄）水、排水，不得损害公共利益和他人的合法权益。

二、世界水资源

水是一切生物赖以生存的必不可少的重要物质，是工农业生产、经济发展和环境改善不可替代的极为宝贵的自然资源。地球在地壳表层、表面和围绕地球的大气层中存在着各种形态的水，包括液态、气态和固态的水，形成了地球的水圈，从表面上看，地球上的水量是非常丰富的。

三、我国水资源

（一）我国水资源总量

我国地处北半球亚欧大陆的东南部，受热带、太平洋低纬度上空温暖而潮湿气团的影响，以及西南的印度洋和西北太平洋海区的鄂霍次克海的水蒸气的影响，我国东南地区、西南地区以及东北地区可获得充足的降水量，使我国成为世界上水资源相对比较丰富的国家之一。

（二）我国水资源特点

我国幅员辽阔，人口众多，地形、地貌、降水、气候条件等复杂多样，再加上耕地分布等因素的影响，使得我国水资源具有以下特点。

1. 总量相对丰富，人均拥有量少

2022 年，我国水资源总量为 31605.2 亿 m^3，其中，地表水资源量 30407.0 亿 m^3，地下水资源量 8553.5 亿 m^3。然而我国人口众多，随着人民生活水平的提高，社会经济的不断发展，水资源的供需矛盾将会更加突出。

2. 水资源时空分布不均匀

我国水资源在空间上的分布很不均匀，南多北少，且与人口、耕地和经济的分布不相适应，使得有些地区水资源供给有余，有些地区水资源供给不足。我国水资源在空间分布上的不均匀性，是造成我国北方和西北许多地区出现资源性缺水的根本原因，而水资源的短缺是影响这些地区经济发展、人民生活水平提高和环境改善等的主要因素之一。

由于我国大部分地区受季风气候的影响，我国水资源在时间分配上也存在明显的年际和年内变化。在我国南方地区，最大年降水量一般是最小年降水量的 2 ~ 4 倍，北方地区为 3 ~ 6 倍；我国长江以南地区由南往北雨季为 3 ~ 6 月或 4 ~ 7 月，雨季降水量占全年降水量的 50% ~ 60%，长江以北地区雨季为 6 ~ 9 月，雨季降水量占全年降水量的 70% ~ 80%。我国水资源的年际和年内变化剧烈，是造成我国水旱灾害频繁的根本原因，这给我国水资源的开发利用和农业生产等方面带来很多困难。

第二节 水资源的重要性与用途

一、水资源的重要性

水资源的重要性主要体现在以下几个方面。

（一）生命之源

水是生命的摇篮，最原始的生命是在水中诞生的，水是生命存在不可或缺的物质。不同生物体内都拥有大量的水分，一般情况下，植物植株的含水率为 60% ~ 80%，哺乳类体内约有 65%，鱼类约 75%，藻类约 95%，成年人体内的水占体重的 65% ~ 70%。此外，生物体的新陈代谢、光合作用等都离不开水，每人每日大约需要 2L 的水才能维持正常生存。

（二）文明的摇篮

没有水就没有生命，没有水更不会有人类的文明和进步。文明往往发源于大河流域，世界四大文明古国——中国、古印度、古埃及和古巴比伦，最初都是以大河为基础发展起来的，尼罗河孕育了古埃及的文明，底格里斯河与幼发拉底河流域促进了古巴比伦王国的兴盛，恒河带来了古印度的繁荣，长江与黄河是华夏民族的摇篮。古往今来，人口稠密、经济繁荣的地区总是位于河流湖泊沿岸。沙漠缺水地带，人烟往往比较稀少，经济也比较萧条。

（三）社会发展的重要支撑

水资源是社会经济发展过程中不可缺少的一种重要的自然资源，与人类社会的进步与发展紧密相连，是人类社会和经济发展的基础与支撑。在农业用水方面，水资源是一切农作物生长所依赖的基础物质，水对农作物的重要作用表现在它几乎参与了农作物生长的每一个过程，农作物的发芽、生长、发育和结实都需要有足够的水分，当提供的水分不能满足农作物生长的需求时，农作物极可能减产甚至死亡。在工业用水方面，水是工业的血液，工业生产过程中的每一个生产环节（如加工、冷却、净化、洗涤等）几乎都需要水的参与，每个工厂都要利用水的各种作用来维持正常生产，没有足够的水量，工业生产就无法正常进行。水资源保证程度对工业发展规模起着非常重要的作用。在生活用水方面，随着经济发展水平的不断提高，人们对生活质量的要求也不断提高，从而使得人们对水资源的需求量越来越大，若生活需水量不能得到满足，必然会成为制约社会进步与发展的一个瓶颈。

（四）生态环境基本要素

生态环境是指影响人类生存与发展的水资源、土地资源、生物资源以及气候资源数量与质量的总称，是关系到社会和经济持续发展的复合生态系统。水资源是生态环境的基本要素，是良好的生态环境系统结构与功能的组成部分。水资源充沛，有利于营造良好的生态环境，水资源匮乏，则不利于营造良好的生态环境，如我国水资源比较缺乏的华北和西北干旱、半干旱区，大多生态系统比较脆弱。水资源比较缺乏的地区，随着人口的增长和经济的发展，会使得本已比较缺乏的水资源进一步短缺，从而更容易产生一系列生态环境问题，如草原退化、沙漠面积扩大、水体面积缩小、生物种类和种群减少等。

二、水资源的用途

水资源是人类社会进步和经济发展的基本物质保证，人类的生产活动和生活活动都离不开水资源的支撑。水资源在许多方面都具有使用价值。水资源的用途主要有农业用水、工业用水、生活用水、生态环境用水、水力发电用水及其他用途等。

（一）农业用水

农业用水包括农田灌溉和林牧渔畜用水。农业用水是我国用水大户，农业用水量占总用水量的比例最大。在农业用水中，农田灌溉用水是农业用水的主要用水和耗水对象。采取有效节水措施，提高农田水资源利用效率，是缓解水资源供求矛盾的一个主要措施。

（二）工业用水

工业用水是指工、矿企业的各部门，在工业生产过程（或期间）中，制造、加工、冷却、空调、洗涤、锅炉等处使用的水及厂内职工生活用水的总称。工业用水是水资源利用的一个重要组成部分，由于工业用水组成十分复杂，工业用水的多少受工业类别、生产方式、用水工艺和水平以及工业化水平等因素的影响。

（三）生活用水

生活用水包括城市生活用水和农村生活用水两个方面，其中城市生活用水包括城市居民住宅用水、市政用水、公共建筑用水、消防用水、供热用水、环境景观用水和娱乐用水等；农村生活用水包括农村日常生活用水和家养禽畜用水等。

（四）生态环境用水

生态环境用水是指为达到某种生态水平，并维持这种生态平衡所需要的用水量。生态环境用水有一个阈值范围，用于生态环境用水的水量超过这个阈值范围，就会导致生态环境的破坏。许多水资源短缺的地区，在开发利用水资源时，往往不考虑生态环境用水，产生了许多生态环境问题。因此，进行水资源规划时，充分考虑生态环境用水，是水资源短缺地区修复生态环境问题的前提。

（五）水力发电用水

地球表面各种水体（河川、湖泊、海洋）中蕴藏的能量，称为水能资源或水力资源。水力发电是利用水能资源生产电能。

（六）其他用途

水资源除了在上述的农业、工业、生活、生态环境和水力发电方面具有重要使用价值，而得到广泛应用外，还可用于发展航运事业、渔业养殖和旅游事业等。在上述水资源的用途中，农业用水、工业水和生活用水的比例称为用水结构，用水结构能够反映出一个国家的工农发展水平和城市建设发展水平。

美国、日本和中国的农业用水量、工业用水量和生活用水量有显著差别。在美国，工业用水量最大，其次为农业用水量，最后为生活用水量；在日本，农业用水量最大，除个别年份外，工业用水量和生活用水量相差不大；在中国，农业用水量最大，其次为工业用水量，最后为生活用水量。

水资源的使用用途不同时，对水资源本身产生的影响就不同，对水资源的要求也不尽相同，如水资源用于农业用水、生活用水和工业用水等时，这些用水部门会把水资源当作物质加以消耗。此外，这些用水部门对水资源的水质要求也不相同，当水资源用于水力发电、航运和旅游等部门时，被利用的水资源一般不会发生明显的变化。水资源具有多种用途，开发利用水资源时，要考虑水资源的综合利用。不同用水部门对水资源的要求不同，这为水资源的综合利用提供了可能，但同时也要妥善解决不同用水部门对水资源要求不同而产生的矛盾。

第三节 水资源的形成

水循环是地球上最重要、最活跃的物质循环之一，它实现了地球系统水量、能量和地球生物化学物质的迁移与转换，构成了全球性的连续有序的动态大系统。水循环把海陆有机地连接起来，塑造着地球表形态，制约着地球生态环境的平衡与协调，不断提供再生的淡水资源。因此，水循环对于地球表层结构的演化和人类可持续发展都具有重大意义。

由于在水循环过程中，海陆之间的水汽交换以及大气水、地表水、地下水之间的相互转换，形成了陆地上的地表径流和地下径流。由于地表径流和地下径流的特殊运动，塑造了陆地的一种特殊形态——河流与流域。一个流域或特定区域的地表径流和地下径流的时空分布既与降水的时空分布有关，亦与流域的形态特征、自然地理特征有关。因此，不同流域或区域的地表水资源和地下水资源具有不同的形成过程及时空分布特性。

一、地表水资源的形成与特点

地表水资源是指在人们生产生活中具有实用价值和经济价值的地表水，包括冰雪水、河川水和湖沼水等，一般用河川径流量表示。地表水分为广义地表水和狭义地表水，前者指以液态或固态形式覆盖在地球表面上，暴露在大气中的自然水体，包括河流、湖泊、水库、沼泽、海洋、冰川和永久积雪等，后者则是陆地上各种液态、固态水体的总称，包括静态水和动态水，主要有河流，湖泊、水库、沼泽、冰川和永久积雪等，其中，动态水指河流径流量和冰川径流量，静态水指各种水体的储水量。

在多年平均情况下，水资源量的收支项主要为降水、蒸发和径流。水量平衡时，收支在数量上是相等的。降水作为水资源的收入项，决定着地表水资源的数量、时空分布和可开发利用程度。由于地表水资源所能利用的是河流径流量，所以在讨论地表水资源的形成与分布时，重点讨论构成地表水资源的河流资源的形成与分布问题。

降水、蒸发和径流是决定区域水资源状态的三要素，三者数量及其可利用量之间的变化关系决定着区域水资源的数量和可利用量。

（一）降水

1. 降雨的形成

降水是指液态或固态的水汽凝结物从云中落到地表的现象，如雨、雪、雾、雹、露、霜等，其中以雨、雪为主。我国大部分地区，一年内降水以雨水为主，雪仅占少部分。所以，通常说的降水主要指降雨。

当水平方向温度、湿度比较均匀的大块空气即气团受到某种外力的作用向上升时，气压降低，空气膨胀，为克服分子间引力需消耗自身的能量，在上升过程中发生动力冷却，使气团降温。当温度下降到使原来未饱和的空气达到了过饱和状态时，大量多余的水汽便凝结成云。云中水滴不断增大，直到不能被上升气流所托时，便在重力作用下形成降雨。因此空气的垂直上升运动和空气中水汽含量超过饱和水汽含量是产生降雨的基本条件。

2. 降雨的分类

按空气上升的原因，降雨可分为锋面雨、地形雨、对流雨和气旋雨。

（1）锋面雨

冷暖气团相遇，其交界面叫锋面，锋面与地面的相交地带叫锋线，锋面随冷暖气团的移动而移动。锋面上的暖气团被抬升到冷气团上面。在抬升的过程中，空气中的水汽冷却凝结，形成的降水叫锋面雨。

根据冷、暖气团运动情况，锋面雨又可分为冷锋雨和暖锋雨。当冷气团向暖气团推进时，因冷空气较重，冷气团楔进暖气团下方，把暖气团挤向上方，发生动力冷却而致雨，称为冷锋雨。当暖气团向冷气团移动时，由于地面的摩擦作用，上层移动较快，底层较慢，使锋面坡度较小，暖空气沿着这个平缓的坡面在冷气团上爬升，在锋面上形成了一系列云系并冷却致雨，称为暖锋雨。我国大部分地区在温带，属南北气流交汇区域，因此，锋面雨的影响很大，常造成河流的洪水。我国夏季受季风影响，东南地区多暖锋雨，如长江中下游的梅雨；北方地区多冷锋雨。

（2）地形雨

暖湿气流在运移过程中，遇到丘陵、高原、山脉等阻挡沿坡面上升而冷却致雨，称为地形雨。地形雨大部分降落在山地的迎风坡。在背风坡，气流下降增温，且大部分水汽已在迎风坡降落，故降雨稀少。

（3）对流雨

当暖湿空气笼罩一个地区时，因下垫面局部受热增温，与上层温度较低的空气产生强烈对流作用，使暖空气上升冷却致雨，称为对流雨。对流雨一般强度大，但雨区小，历时也较短，并常伴有雷电，又称雷阵雨。

（4）气旋雨

气旋是中心气压低于四周的大气涡旋。涡旋运动引起暖湿气团大规模的上升运动，水汽因动力冷却而致雨，称为气旋雨。按热力学性质分类，气旋可分为温带气旋和热带气旋。我国气象部门把中心地区附近地面最大风速达到 12 级的热带气旋称为台风。

3. 降雨的特征

降雨特征常用降水量、降水历时、降水强度、降水面积及暴雨中心等基本因素来表示。降水量是指在一定时段内降落在某一点或某一面积上的总水量，用深度表示，以 mm 计。降水量一般分为 7 级。降水的持续时间称为降水历时，以 min、h、d 计。降水过程中某一时间段降下水量的多少，便是降水强度。降水笼罩的平面面积称为降水面积，以 km^2 计。暴雨集中的较小局部地区，称为暴雨中心。降水历时和降水强度反映了降水的时程分配，降水面积和暴雨中心反映了降水的空间分配。

（二）径流

径流是指由降水所形成的，沿着流域地表和地下向河川、湖泊、水库、洼地等流动的水流。其中，沿着地面流动的水流称为地表径流；沿着土壤、岩石孔隙流动的水流称为地下径流；汇集到河流后，在重力作用下沿河床流动的水流称为河川径流。径流因降水形式和补给来源的不同，可分为降雨径流和融雪径流，我国大部分以降雨径流为主。

径流过程是地球上水循环中重要的一环。在水循环过程中，陆地上的降水 34% 转化为地表径流和地下径流汇入海洋。径流过程又是一个复杂多变的过程，与水资源的开发利用、水环境保护、人类同洪旱灾害的斗争等生产经济活动密切相关。

1. 径流形成过程及影响因素

由降水到达地面时起，到水流流经出口断面的整个过程，称为径流形成过程。降水的形式不同，径流的形成过程也各不相同。大气降水的多变性和流域自然地理条件的复杂性决定了径流形成过程是一个错综复杂的物理过程。降水落到流域面上后，首先向土壤内下渗，一部分水以壤中流形式汇入沟渠，形成上层壤中流；一部分水继续下渗，补给地下水；还有一部分以土壤水形式保持在土壤内，其中一部分消耗蒸发。当土壤含水量达到饱和或降水强度大于入渗强度时，降水扣除入渗后还有剩余，余水开始流动充填坑洼，继而形成坡面流汇入河槽和壤中流一起形成出口流量过程。故整个径流形成过程往往涉及大气降水、土壤下渗、壤中流、地下水、蒸发、填洼、坡面流和河槽汇流，是气象因素和流域自然地理条件综合作用的过程，难以用数学模型描述。为便于分析，一般把它概化为产流阶段和汇流阶段。产流是降水扣除损失后的净雨产生径流的过程。汇流，指净雨沿坡面从地面和地下汇入河网，然后再沿着河网汇集到流域出口断面的过程。前者称为坡地汇流，后者称为河网汇流，两部分过程合称为流域汇流过程。

影响径流形成的因素有气候因素、地理因素和人类活动因素。

（1）气候因素

气候因素主要是降水和蒸发。降水是径流形成的必要条件，是决定区域地表水资源丰富程度、时空分布及可利用程度与数量的最重要的因素。其他条件相同时，降雨强度大、历时长、降雨笼罩面积大，则产生的径流也大。同一流域，雨型不同，形成的径流过程也不同。蒸发直接影响径流量的大小。蒸发量大，降水损失量就大，形成的径流量就小。对于一次暴雨形成的径流来说，虽然在径流形成的过程中蒸发量的数值相对不大，甚至可忽略不计，但流域在降雨开始时土壤含水量直接影响着本次降雨的损失量，即影响着径流量，而土壤含水量与流域蒸发有密切关系。

（2）地理因素

地理因素包括流域地形、流域的大小和形状、河道特性、土壤、岩石和地质构造、植被、湖泊和沼泽等。

流域地形特征包括地面高程、坡面倾斜方向及流域坡度等。流域地形通过影响气候因素间接影响径流的特性，如山地迎风坡降雨量较大，背风坡降雨量较小；地面高程较高时，气温低，蒸发量小，降雨损失量小。流域地形还直接影响汇流条件，从而影响径流过程。如地形陡峭，则水流速度快，河槽汇流时间较短，洪水陡涨陡落，流量过程线多呈尖瘦形；反之，则较平缓。

流域大小不同，对调节径流的作用也不同。流域面积越大，地表与地下蓄水容积越大，调节能力也越强。流域面积较大的河流，河槽下切较深，得到的地下水补给就较多。流域面积小的河流，河槽下切往往较浅，因此，地下水补给也较少。

流域长度决定了径流到达出口断面所需要的汇流时间。汇流时间越长，流量过程线越平缓。流域形状与河系排列有密切关系。扇形排列的河系，各支流洪水较集中地汇入干流，流量过程线往往较陡峻；羽形排列的河系各支流洪水可顺序而下，遭遇的机会少，流量过程线较矮平；平行状排列的河系，其流量过程线与扇形排列的河系类似。

河道特性包括河道长度、坡度和糙率。河道短、坡度大、糙率小，则水流流速大，河道输送水流能力大，流量过程线尖瘦；反之，则较平缓。

流域土壤、岩石性质和地质构造与下渗量的大小有直接关系，从而影响产流量和径流过程特性，以及地表径流和地下径流的产流比例关系。

植被能阻滞地表水流，增加下渗。森林地区表层土壤容易透水，有利于雨水渗入地下从而增大地下径流，减少地表径流，使径流趋于均匀。对于融雪补给的河流，由于森林内温度较低，能延长融雪时间，使春汛径流历时增长。

湖泊（包括水库和沼泽）对径流有一定的调节作用，能拦蓄洪水，削减洪峰，使径流过程变得平缓。因水面蒸发较陆面蒸发大，湖泊、沼泽增加了蒸发量，使径流量减少。

（3）人类活动因素

影响径流的人类活动是指人们为了开发利用和保护水资源，达到除害兴利的目的而修建的水利工程及采用的农林措施等。这些工程和措施改变了流域的自然面貌，从而也就改变了径流的形成和变化条件，影响了蒸发量、径流量及其时空分布，以及地表和地下径流的比例、水体水质等。例如，蓄、引水工程改变了径流时空分布，以及水土保持措施能增加下渗水量，改变地表和地下水的比例及径流时程分布，影响蒸发；水库和灌溉设施增加了蒸发，减少了径流。

2. 河流径流补给

河流径流补给又称河流水源补给。河流补给的类型及其变化决定着河流的水文特性。我国大多数河流的补给主要是流域上的降水。根据降水形式及其向河流运动的路径，河流的补给可分为雨水补给、地下水补给、冰雪融水补给以及湖泊、沼泽水补给等。

（1）雨水补给

雨水是我国河流补给的最主要水源。当降雨强度大于土壤入渗强度后产生地表径流，雨水汇入溪流和江河之中，从而使河水径流得以补充。以雨水补给为主的河流的水情特点是水位与流量变化快，在时程上与降雨有较好的对应关系，河流径流的年内分配不均匀，年际变化大，丰、枯悬殊。

（2）地下水补给

地下水补给是我国河流补给的一种普遍形式。特别是在冬季和少雨、无雨季节，大部分河流水量基本上来自地下水。地下水是雨水和冰雪融水渗入地下转化而成的，它的基本来源仍然是降水，因其经地下“水库”的调节，对河流径流量及其在时间上的变化产生影响。以地下水补给为主的河流，其年内分配和年际变化都较均匀。

（3）冰雪融水补给

冬季在流域表面的积雪、冰川，至次年春季随着气候的变暖而融化成液态的水，补给河流而形成春汛。此种补给类型在全国河流中所占比例不大，水量有限但冰雪融水补给主要发生在春季，这时正是我国农业生产上需水的季节，因此，对于我国北方地区春季农业用水有着重要的意义。冰雪融水补给具有明显的日变化和年变化，补给水量的年际变化幅度要小于雨水补给。这是因为融水量主要与太阳辐射、气温变化一致，而气温的年际变化比降雨量年际变化小。

（4）湖泊、沼泽水补给

流域内山地的湖泊常成为河流的源头。位于河流中下游地区的湖泊，接纳湖区河流来水，又转而补给干流水量。这类湖泊由于湖面广阔，深度较大，对河流径流有调节作用。河流流量较大时，部分洪水流进大湖内，削减了洪峰流量；河流流量较小时，湖水流入下游，补充径流量，使河流水量年内变化趋于均匀。沼泽水补给量小，对河流径流调节作用不明显。

我国河流主要靠降雨补给。在华北、西北内陆地区及东北的河流虽也有冰雪融水补给，但仍以降雨补给为主，为混合补给。只有新疆、青海等地的部分河流是靠冰川、积雪融水补给，该地区的其他河流仍然是混合补给。由于各地气候条件的差异，上述四种补给在不同地区的河流中所占比例差别较大。

3. 径流时空分布

（1）径流的区域分布

受降水量影响，以及地形地质条件的综合影响，年径流区域分布既有地域性的变化，又有局部的变化。我国年径流深度分布的总体趋势与降水量分布一样由东南向西北递减。

（2）径流的年际变化

径流的年际变化包括径流的年际变化幅度和径流的多年变化过程两方面，年际变化幅度常用年径流变差系数和年径流极值比表示。

年径流变差系数大，年径流的年际变化就大，不利于水资源的开发利用，也容易发生洪涝灾害；反之，年径流的年际变化小，有利于水资源的开发利用。

影响年径流变差系数的主要因素是年降水量、径流补给类型和流域面积。年降水量丰富地区，其降水量的年际变化小，植被茂盛，蒸发稳定，地表径流较丰沛，因此年径流变差系数小；反之，则年径流变差系数大。相比较而言，降水补给的年径流变差系数大于冰川、积雪融水和降水混合补给的年径流变差系数，而后者又大于地下水补给的年径流变差系数。流域面积越大，径流成分越复杂，各支流支、干流之间的径流丰枯变化可以互相调节；另外，面积越大，因河川切割很深，地下水的补给丰富而稳定。因此，流域面积越大，其年径流变差系数越小。

年径流极值比是指最大径流量与最小径流量的比值。极值比越大，径流的年际变化越大；反之，年际变化越小。极值比的大小变化规律与变差系数同步。我国河流年际极值比最大的是安徽省淮河蚌埠站，为23.7；最小的是云南省怒江道街坝站，为1.4。

径流的年际变化过程是指径流具有丰枯交替、出现连续丰水和连续枯水的周期变化，但周期的长度和变幅存在随机性。

（3）径流的季节变化

河流径流一年内有规律的变化，叫作径流的季节变化，取决于河流径流补给来源的类型及变化规律。以雨水补给为主的河流，其径流主要随降雨量的季节变化而变化。以冰雪融水补给为主的河流，其径流则随气温的变化而变化。径流季节变化大的河流，容易发生干旱和洪涝灾害。

我国绝大部分地区为季风区，雨量主要集中在夏季，径流也是如此。而西部内陆河流主要靠冰雪融水补给，夏季气温高，径流集中在夏季，形成我国绝大部分地区夏季径流占优势的基本布局。

（三）蒸发

蒸发是地表或地下的水由液态或固态转化为水汽，并进入大气的物理过程，是水文循环中的基本环节之一，也是重要的水量平衡要素，对径流有直接影响。蒸发主要取决于暴露表面的水的面积与状况，与温度、阳光辐射、风、大气压力和水中的杂质质量有关，其大小可用蒸发量或蒸发率表示。蒸发量是指某一时段如日、月、年内总蒸发掉的水层深度，以mm计；蒸发率是指单位时间内的蒸发量，以mm/min或mm/h计。流域或区域上的蒸发包括水面蒸发和陆面蒸发，后者包括土壤蒸发和植物蒸腾。

1. 水面蒸发

水面蒸发是指江、河、湖泊、水库和沼泽等地表水体水面上的蒸发现象。水面蒸发是最简单的蒸发方式，属饱和蒸发。影响水面蒸发的主要因素是温度、湿度、辐射、风速和气压等气象条件。因此，在地域分布上，冷湿地区水面蒸发量小，干燥、气温高的地区水面蒸发量大；高山地区水面蒸发量小，平原地区水面蒸发量大。

水面蒸发的地区分布呈现出如下特点：低温湿润地区水面蒸发量小，高温干燥地区水面蒸发量大；蒸发低值区一般多在山区，而高值区多在平原区和高原区，平原区的水面蒸发大于山区；水面蒸发的年内分配与气温、降水有关，年际变化不大。

我国多年平均水面蒸发量最低值为400 mm，最高可达2600 mm，相差悬殊。暴雨中心地区水面蒸发可能是低值中心，例如四川雅安天漏暴雨区，其水面蒸发为长江流域最小地区，其中荥经站的年水面蒸发量仅564 mm。

2. 陆面蒸发

（1）土壤蒸发

土壤蒸发是指水分从土壤中以水汽形式逸出地面的现象。它比水面蒸发要复杂得多，除了受上述气象条件的影响外，还与土壤性质、土壤结构、土壤含水量、地下水位的高低、地势和植被状况等因素密切相关。

对于完全饱和、无后继水量加入的土壤，其蒸发过程大体上可分为三个阶段：第一个阶段，土壤完全饱和，供水充分，蒸发在表层土壤进行，此时的蒸发率等于或接近于土壤蒸发能力，蒸发量大而稳定。第二个阶段，由于水分逐渐蒸发消耗，土壤含水量转化为非饱和状态，局部表土开始干化，土壤蒸发一部分仍在地表进行，另一部分发生在土壤内部。此阶段中，随着土壤含水量的减少，供水条件越来越差，故其蒸发率随时间逐渐减小。第三个阶段，表层土壤干涸，向深层扩展，土壤水分蒸发主要发生在土壤内部。蒸发形成的水汽由分子扩散作用通过表面干涸层逸入大气，其速度极为缓慢，蒸发量小而稳定，直至基本终止。由此可见，土壤蒸发影响土壤含水量的变化，是土壤失水的干化过程，是水文循环的重要环节。

（2）植物蒸腾

土壤中水分经植物根系吸收，输送到叶面，散发到大气中去，称为植物蒸腾或植物散发。由于植物本身参与了这个过程，并能利用叶面气孔进行调节，故是一种生物物理过程，比水面蒸发和土壤蒸发更为复杂，它与土壤环境、植物的生理结构以及大气状况有密切的关系。由于植物生长于土壤中，故植物蒸腾与植物覆盖下土壤的蒸发实际上是并存的。因此，研究植物蒸腾往往和土壤蒸发合并进行。

目前陆面蒸发量一般采用水量平衡法估算，对多年平均陆面蒸发来讲，它由流域内年降水量减去年径流量而得，陆面蒸发等值线即以此方法绘制而得；除此之外，陆面蒸发量还可以利用经验公式来估算。

我国根据蒸发量为 300 mm 的等值线自东北向西南将中国陆地蒸发量分布划分为两个区：

第一个区是陆面蒸发量低值区（300 mm 等值线以西）：一般属于干旱半干旱地区，雨量少、温度低，如塔里木盆地、柴达木盆地，多年平均陆面蒸发量小于 25 mm。

第二个区是陆面蒸发量高值区（300 mm 等值线以东）：一般属于湿润与半湿润地区，我国广大的南方湿润地区雨量大，蒸发能力可以充分发挥。海南省东部多年平均陆面蒸发量一般在 1000 mm 以上。

陆面蒸发量的大小不仅取决于热能条件，还取决于陆面蒸发能力和陆面供水条件。陆面蒸发能力可近似地由实测水面蒸发量综合反映，而陆面供水条件则与降水量大小及其分配是否均匀有关。我国蒸发量的地区分布与降水、径流的地区分布有着密切关系，由东南向西北有明显递减的趋势，供水条件是陆面蒸发的主要制约因素。

一般说来，降水量年内分配比较均匀的湿润地区，陆面蒸发量与陆面蒸发能力相差不大，如长江中下游地区，供水条件充分，陆面蒸发量的地区变化和年际变化都不是很大，年陆面蒸发量仅在550 ~ 750 mm间变化，陆面蒸发量主要由热能条件控制。但在干旱地区，陆面蒸发量则远小于陆面蒸发能力，其陆面蒸发量的大小主要取决于供水条件。

3. 流域总蒸发

流域总蒸发是流域内所有的水面蒸发、土壤蒸发和植物蒸腾的总和。因为流域内气象条件和下垫面条件复杂，要直接测出流域的总蒸发几乎不可能。实用的方法是先对流域进行综合研究，再用水量平衡法或模型计算方法求出流域的总蒸发。

二、地下水资源的形成与特点

地下水是指存在于地表以下岩石和土壤的孔隙、裂隙、溶洞中的各种状态的水体，由渗透和凝结作用形成，主要来源为大气水。广义的地下水是指赋存于地面以下岩土孔隙中的水，包括包气带及饱水带中的孔隙水。狭义的地下水则指赋存于饱水带岩土孔隙中的水。地下水资源是指能被人类利用、逐年可以恢复更新的各种状态的地下水。地下水由于水量稳定，水质较好，是工农业生产和人们生活的重要水源。

（一）岩石孔隙中水的存在形式

岩石孔隙中水的存在形式主要为气态水、结合水、重力水、毛细水和固态水。

1. 气态水

气态水以水蒸气状态储存和运动于未饱和的岩石孔隙之中，来自地表大气中的水汽移入或岩石中其他水分蒸发。气态水可以随空气的流动而运动。空气不运动时，气态水也可以由绝对湿度大的地方向绝对湿度小的地方运动。当岩石孔隙中水汽增多达到饱和时或是当周围温度降低至露点时，气态水开始凝结成液态水而补给地下水。由于气态水的凝结不一定在蒸发地区进行，因此会影响地下水的重新分布。气态水本身不能直接开采利用，也不能被植物所吸收。

2. 结合水

松散岩石颗粒表面和坚硬岩石孔隙壁面，因分子引力和静电引力作用，使水分子被牢固地吸附在岩石颗粒表面，并在颗粒周围形成很薄的第一层水膜，称为吸着水。吸着水被牢牢地吸附在颗粒表面，其吸附力达 1 000 atm（atm 是 atmosphere 的简写，指地球上海平面的标准大气压，l atm 约合 101 325 Pa），不能在重力作用下运动，故又称为强结合水。其特征为：不能流动，但可转化为气态水而移动；冰点降低至 –78 ℃以下；不能溶解盐类，无导电性；具有极大的黏滞性和弹性；平均密度为 2 g/m^3。

吸着水的外层，还有许多水分子亦受到岩石颗粒引力的影响，吸附着第二层水膜，称为薄膜水。薄膜水的水分子距颗粒表面较远，吸引力较弱，故又称为弱结合水。薄膜水的特点是：因引力不等，两个质点的薄膜水可以相互移动，由薄膜厚的地方向薄处转移；薄膜水的密度虽与普通水差不多，但黏滞性仍然较大；有较低的溶解盐的能力。吸着水与薄膜水统称为结合水，都是受颗粒表面的静电引力作用而被吸附在颗粒表面。它们的含水量主要取决于岩石颗粒的表面积大小，与表面积大小成正比。在包气带中，因结合水的分布是不连续的，所以不能传递静水压力；而处在地下水面以下的饱水带时，当外力大于结合水的抗剪强度时，结合水便能传递静水压力。

3. 重力水

岩石颗粒表面的水分子增厚到一定程度，水分子的重力大于颗粒表面，会产生向下的自由运动，在孔隙中形成重力水。重力水具有液态水的一般特性，能传递静水压力，有冲刷、侵蚀和溶解能力。从井中吸出或从泉中流出的水都是重力水。重力才是重力水研究的主要对象。

4. 毛细水

地下水面以上岩石细小孔隙中具有毛细管现象，形成一定上升高度的毛细水带。毛细水不受固体表面静电引力的作用，而受表面张力和重力的作用，称为半自由水，当两力作用达到平衡时，便保持一定高度滞留在毛细管孔隙或小裂隙中，在地下水面以上形成毛细水带。由地下水面支撑的毛细水带，称为支持毛细水。其毛细管水面可以随着地下水位的升降和补给、蒸发作用而发生变化，但其毛细管上升高度保持不变，只能进行垂直运动，可以传递静水压力。

5. 固态水

以固态形式存在于岩石孔隙中的水称为固态水。在多年冻结区或季节性冻结区可以见到这种水。

（二）地下水形成的条件

1. 岩层中有地下水的储存空间

岩层的空隙性是构成具有储水与给水功能的含水层的先决条件。岩层要构成含水层，首先要有能储存地下水的孔隙、裂隙或溶隙等空间，使外部的水能进入岩层形成含水层。然而，有空隙存在不一定就能构成含水层，如黏土层的孔隙度可达 50% 以上，但其空隙几乎全被结合水或毛细水所占据，重力水很少，所以它是隔水层。透水性好的砾石层、砂石层的孔隙度较大，孔隙也大，水在重力作用下可以自由出入，所以往往形成储存重力水的含水层。坚硬的岩石，只有发育有未被填充的张性裂隙、张扭性裂隙和溶隙时，才可能构成含水层。

空隙的多少、大小、形状、连通情况与分布规律，对地下水的分布与运动有着重要影响。按空隙特性可将其分类为松散岩石中的孔隙、坚硬岩石中的裂隙和可溶岩石中的溶隙，分别用孔隙度、裂隙度和溶隙度表示空隙的大小，依次定义为岩石孔隙体积与岩石体体积之比、岩石裂隙体积与岩石总体积之比、可溶岩石孔隙体积与可溶岩石总体积之比。

2. 岩层中有储存、聚集地卜水的地质条件

含水层还必须具有一定的地质条件，才能使具有空隙的岩层含水，并把地下水储存起来。有利于储存和聚集地下水的地质条件虽有各种形式，但概括起来不外乎是：空隙岩层下有隔水层，使水不能向下渗漏；水平方向有隔水层阻挡，以免水全部流空。只有这样的地质条件才能使运动在岩层空隙中的地下水长期储存下来，并充满岩层空隙而形成含水层。如果岩层只具有空隙而无有利于储存地下水的构造条件，这样的岩层就只能作为过水通道而构成透水层。

3. 有足够的补给来源

当岩层空隙性好，并具有储存、聚集地下水的地质条件时，还必须有充足的补给来源，这样才能使岩层充满重力水而构成含水层。

地下水补给量的变化，能使含水层与透水层之间相互转化。在补给来源不足、消耗量大的枯水季节里，地下水在含水层中可能被疏干，这样含水层就变成了透水层；而在补给充足的丰水季节，岩层的空隙又被地下水充满，重新构成含水层。由此可见，补给来源不仅是形成含水层的一个重要条件，而且是决定水层水量多少和保证程度的一个主要因素。

综上所述，只有当岩层具有地下水自由出入的空间、适当的地质构造条件和充足的补给来源时，才能构成含水层。这三个条件缺一不可，有利于储水的地质构造条件是主要的。

因为空隙岩层存在于该地质构造中，岩层空隙的发生、发展及分布都脱离不开这样的地质环境，特别是坚硬岩层的空隙，受构造控制更为明显；岩层空隙的储水和补给过程也取决于地质构造条件。

（三）地下水的类型

按埋藏条件，地下水可划分为四个基本类型：土壤水（包气带水）、上层滞水、潜水和承压水。

1. 土壤水

土壤水是指吸附于土壤颗粒表面和存在于土壤空隙中的水。

2. 上层滞水

上层滞水是指包气带中局部隔水层或弱透水层上积聚的具有自由水面的重力水，是在大气降水或地表水下渗时，受包气带中局部隔水层的阻托滞留聚集而成的。上层滞水埋藏的共同特点是：在透水性较好的岩层中央有不透水岩层。上层滞水因完全靠大气降水或地表水体直接入渗补给，水量受季节控制特别显著，一些范围较小的上层滞水旱季往往干枯无水，当隔水层分布较广时可作为小型生活水源和季节性水源。上层滞水的矿化度一般较低，因接近地表，水质易受到污染。

3. 潜水

潜水是指饱水带中第一个具有自由表面含水层中的水。潜水的埋藏条件决定了潜水具有以下特征。

第一，具有自由表面。由于潜水的上部没有连续完整的隔水顶板，因此具有自由水面，称为潜水面。有时潜水面上有局部的隔水层，且潜水充满两隔水层之间，在此范围内的潜水将承受静水压力，呈现局部承压现象。

第二，潜水通过包气带与地表相连通，大气降水、凝结水、地表水通过包气带的空隙通道直接渗入补给潜水，所以在一般情况下，潜水的分布区与补给区是一致的。

第三，潜水在重力作用下，由潜水位较高处向较低处流动，其流速取决于含水层的渗透性能和水力坡度。潜水向排泄处流动时，其水位逐渐下降，形成曲线形表面。

第四，潜水的水量、水位和化学成分随时间的变化而变化，受气候影响大，具有明显的季节性变化特征。

第五，潜水较易受到污染。潜水水质变化较大，在气候湿润、补给量充足及地下水流畅通地区，往往形成矿化度低的淡水；在气候干旱与地形低洼地带或补给量贫乏及地下水径流缓慢地区，往往形成矿化度很高的咸水。

潜水分布范围大，埋藏较浅，易被人工开采。当潜水补给充足，如河谷地带和山间盆地中的潜水，水量比较丰富，可作为工业、农业生产和生活用水的良好水源。

4. 承压水

承压水是指充满于上下两个稳定隔水层之间的含水层中的重力水。承压水的主要特点是有稳定的隔水顶板存在，没有自由水面，水体承受静水压力，与有压管道中的水流相似。承压水的上部隔水层称为隔水顶板，下部隔水层称为隔水底板；两隔水层之间的含水层称为承压含水层；隔水顶板到底板的垂直距离称为含水层厚度。

承压水由于有稳定的隔水顶板和底板，因而与外界联系较差，与地表的直接联系大部分被隔绝，所以其埋藏区与补给区不一致。承压含水层在出露地表部分可以接受大气降水及地表水补给，上部潜水也可越流补给承压含水层。承压水的排泄方式多种多样，可以通过标高较低的含水层出露区或断裂带排泄到地表水、潜水含水层或另外的承压含水层，也可直接排泄到地表成为上升泉。承压含水层的埋藏度一般都较潜水大，在水位、水量、水温、水质等方面受水文气象因素、人为因素及季节变化的影响较小，因此富水性较好的承压含水层是理想的供水水源。虽然承压含水层的埋藏深度较大，但其稳定水位一般接近或高于地表，这为开采利用创造了有利条件。

（四）地下水循环

地下水循环是指地下水的补给、径流和排泄过程，是自然界水循环的重要组成部分，不论是全球的大循环还是陆地的小循环，地下水的补给、径流、排泄都是其中的一部分。大气降水或地表水渗入地下补给地下水，地下水在地下形成径流，又通过潜水蒸发、流入地表水体及泉水涌出等形式排泄，这种补给、径流、排泄无限往复的过程即为地下水的循环。

1. 地下水补给

含水层自外界获得水量的过程称为补给。地下水的补给来源主要有大气降水入渗补给、地表水入渗补给、凝结水入渗补给、含水层之间的补给及人工补给等。

（1）大气降水入渗补给

当大气降水降落到地表后，一部分蒸发重新回到大气，一部分变为地表径流，剩余一部分达到地面以后，向岩石、土壤的空隙渗入。如果降雨以前土层湿度不大，则入渗的降水首先形成薄膜水。达到最大薄膜水量之后，继续入渗的水则充填颗粒之间的毛细孔隙，形成毛细水。当包气层的毛细孔隙完全被水充满时，形成重力水的连续下渗而不断地补给地下水。

在很多情况下，大气降水是地下水的主要补给方式。大气降水补给地下水的水量受到很多因素的影响，与降水强度、降水形式、植被、包气带岩性、地下水埋深等有关。一般当降水量大、降水过程长、地形平坦、植被茂盛、上部岩层透水性好、地下水埋藏深度不大时大气降水才能大量入渗补给地下水。

（2）地表水入渗补给

地表水和大气降水一样，也是地下水的主要补给来源，但时空分布特点不同。在空间分布上，大气降水入渗补给地下水呈面状补给，范围广且较均匀；而地表入渗补给一般为线状补给或呈点状补给，补给范围仅限地表水体周边。在时间分布上，大气降水补给的时间有限，具有随机性，而地表水补给的持续时间一般较长，甚至是经常性的。

地表水对地下水的补给强度主要受岩层透水性的影响，还与地表水水位与地下水水位的高差、洪水延续时间、河水流量、河水含沙量、地表水体与地下水联系范围的大小等因素有关。

（3）凝结水入渗补给

凝结水的补给是指大气中过饱和水分凝结成液态水渗入地下补给地下水。沙漠地区和干旱地区昼夜温差大，白天气温较高，空气中含水量一般不足，但夜间温度下降，空气中的水蒸气含量过于饱和，便会凝结于地表，然后入渗补给地下水。在沙漠地区及干旱地区，大气降水和地表水很少，补给地下水的部分微乎其微，因此凝结水的补给就成为这些地区地下水的主要补给来源。

（4）含水层之间的补给

两个含水层之间具有联系通道、存在水头差并有水力联系时，水头较高的含水层将水补给水头较低的含水层。其补给途径可以通过含水层之间的“天窗”发生水力联系，也可以通过含水层之间的越流方式补给。

（5）人工补给

地下水的人工补给是借助某些工程措施，人为地使地表水自流或用压力将其引入含水层，以增加地下水的渗入量。人工补给地下水具有占地少、造价低、管理易、蒸发少等优点，不仅可以增加地下水资源，还可以改善地下水水质，调节地下水温度，阻拦海水入侵，减小地面沉降。

2. 地下水径流

地下水在岩石空隙中流动的过程称为径流。地下水径流过程是整个地球水循环的一部分。大气降水或地表水通过包气带向下渗漏，补给含水层成为地下水，地下水又在重力作用下，由水位高处向水位低处流动，最后在地形低洼处以泉的形式排出地表或直接排入地表水体，如此反复循环的过程就是地下水的径流过程。天然状态（除了某些盆地外）和开采状态下的地下水都是流动的。

影响地下水径流方向、速度、类型、径流量的主要因素有含水层的空隙特性、地下水的埋藏条件、补给量、地形状况、地下水的化学成分，人类活动等。

3. 地下水排泄

含水层失去水量的作用过程称为排泄。在排泄过程中，地下水水量、水质及水位都会随之发生变化。

地下水通过泉（点状排泄）向河流泄流（线状排泄）及蒸发（面状排泄）等形式向外界排泄。此外，一个含水层中的水可向另一个含水层排泄，也可以由人工进行排泄，如用井开发地下水，或用钻孔、渠道排泄地下水等。人工开采是地下水排泄的最主要途径之一。当过量开采地下水，使地下水排泄量远大于补给量时，地下水的均衡就遭到破坏，造成地下水水位长期下降。只有合理开采地下水，即开采量小于或等于地下水总补给量与总排泄量之差时，才能保证地下水的动态平衡，使地下水一直处于良性循环状态。

在地下水的排泄方式中，蒸发排泄仅耗失水量，盐分仍留在地下水中。其他类型的排泄属于径流排泄，盐分随水分同时排走。

地下水的循环可以促使地下水与地表水相互转化。天然状态下的河流在枯水期的水位低于地下水位，河道成为地下水排泄通道，地下水转化成地表水。在洪水期的水位高于地下水位，河道中的地表水渗入地下补给地下水。平原区浅层地下水通过蒸发并入大气，再降水形成地表水，并渗入地下形成地下水。在人类活动影响下，这种转化往往会更加频繁和深入。从多年平均情况来看，地下水循环具有较强的调节能力，存在着一排一补的周期变化。只要不超量开采地下水，在枯水年可以允许地下水有较大幅度的下降，待到丰水年地下水可得到补充，恢复到原来的平衡状态。这体现了地下水资源的可恢复性。

第四节 水循环

一、水循环的概念

水循环是指各种水体受太阳能的作用，不断地进行相互转换和周期性的循环过程。水循环一般包括降水、径流、蒸发三个阶段。降水包括雨、雪、雾、雹等形式；径流是指沿地面和地下流动着的水流，包括地面径流和地下径流；蒸发包括水面蒸发。植物蒸腾、土壤蒸发等。

自然界水循环的发生和形成应具有三个方面的主要作用因素：一是水的相变特性和气液相的流动性决定了水分空间循环的可能性；二是地球引力和太阳辐射热对水的重力和热力效应是水循环发生的原动力；三是大气流动方式、方向和强度，如水汽流的传输、降水的分布及其特征、地表水流的下渗及地表和地下水径流的特征等。这些因素的综合作用，形成了自然界错综复杂、气象万千的水文现象和水循环过程。

在各种自然因素的作用下，自然界的水循环主要通过以下几种方式进行。

（一）蒸发作用

在太阳热力的作用下，各种自然水体及土壤和生物体中的水分汽化进入大气层中的过程统称为蒸发作用，它是海陆循环和陆地淡水形成的主要途径。海洋水的蒸发成为陆地降水的源泉。

（二）水汽流动

太阳热力作用的变化将产生大区域的空气动风，风的作用和大气层中水汽压力的差异是水汽流动的两个主要动力。湿润的海风将海水蒸发形成的水分源源不断地运往大陆，是自然水分大循环的关键环节。

（三）凝结与降水过程

大气中的水汽在水分增加或温度降低时将逐步达到饱和，之后便以大气中的各种颗粒物质或尘粒为凝结核而产生凝结作用，以雹、雾、霜、雪、雨、露等各种形式的水团降落地表而形成降水。

（四）地表径流、水的下渗及地下径流

降水过程中，除了降水的蒸发作用外，降水的一部分渗入岩土层中形成各种类型的地下水，参与地下径流过程，另一部分来不及入渗，从而形成地表径流。陆地径流在重力作用下不断向低处汇流，最终复归大海完成水的一个大循环过程。在自然界复杂多变的气候、地形、水文、地质、生物及人类活动等因素的综合影响下，水分的循环与转化过程是极其复杂的。

二、地球上的水循环

地球上的水储量是在某一瞬间储存在地球上不同空间位置上水的体积，人们可以以此来衡量不同类型水体之间量的多少。在自然界中，水体并非静止不动，而是处在不断的运动过程中，不断地循环、交替与更新，因此，在衡量地球上的水储量时，要注意其时空性和变动性。地球上水的循环体现为在太阳辐射能的作用下，从海洋及陆地的江、河、湖和土壤表面及植物叶面蒸发成水蒸气上升到空中，并随大气运行至各处，在水蒸气上升和运

移过程中遇冷凝结而以降水的形式又回到陆地或水体。降到地面的水，除植物吸收和蒸发外，一部分渗入地表以下成为地下径流；另一部分沿地表流动成为地面径流，并通过江河流回大海。然后又继续蒸发、运移、凝结形成降水。这种水的蒸发—降水—径流的过程周而复始，不停地进行着。通常把自然界的这种运动称为自然界的水循环。

自然界的水循环，根据其循环途径分为大循环和小循环。

大循环是指水在大气圈、水圈、岩石圈之间的循环过程。具体表现为：海洋中的水蒸发到大气中以后，一部分飘移到大陆上空形成积云，然后以降水的形式降落到地面。降落到地面的水，其中一部分形成地表径流，通过江河汇入海洋；另一部分则渗入地下形成地下水，又以地下径流或泉流的形式慢慢地注入江河或海洋。

小循环是指陆地或者海洋本身的水单独进行循环的过程。陆地上的水，通过蒸发作用（包括江、河、湖、水库等水面蒸发、潜水蒸发、陆面蒸发及植物蒸腾等）上升到大气中形成积云，然后以降水的形式降落到陆地表面形成径流。海洋本身的水循环主要是海水通过蒸发形成水蒸气而上升，然后再以降水的方式降落到海洋中。

水循环是地球上最主要的物质循环之一。通过形态的变化，水在地球上起到输送热量和调节气候的作用，对于地球环境的形成、演化和人类生存都有着重大的作用和影响。水的不断循环和更新为淡水资源的不断再生提供了条件，为人类和生物的生存提供了基本的物质基础。参与全球水循环的水量中，地球海洋部分的比例大于地球陆地部分，且海洋部分的蒸发量大于降雨量。

参与循环的水，无论从地球表面到大气还是从海洋到陆地或从陆地到海洋，都在经常不断地更替和净化。

地球上各类水体由于其储存条件的差异，更替周期具有很大的差别。所谓更替周期是指在补给停止的条件下，各类水从水体中排干所需要的时间。

冰川、深层地下水和海洋水的更替周期很长，一般都在千年以上。河水更替周期较短，平均为 16 d。在各种水体中，以河川水和土壤水最为活跃。因此在开发利用水资源过程中，应该充分考虑不同水体的更替周期和活跃程度，合理开发，以防止由于更替周期长或补给不及时，造成水资源的枯竭。

自然界的水循环除受到太阳辐射能作用，以大循环或小循环方式不停运动之外，还由于人类生产与生活活动的作用与影响不同程度地发生“人为水循环”，可以发现，自然界的水循环在叠加人为循环后，是十分复杂的循环过程。

自然界水循环的径流部分除主要参与自然界的循环外，还参与人为水循环。水资源的人为循环过程中不可复原水与回归水之间的比例关系以及回归水的水质状况局部改变了自然界水循环的途径与强度，使其径流条件局部发生重大或根本性改变，主要表现在对径流量和径流水质的改变上。回归水（包括工业生产与生活污水处理排放、农田灌溉回归）的质量状况直接或间接对水循环水质产生影响，如区域河流与地下水污染。人为循环对水量的影响尤为突出，河流、湖泊来水量大幅度减少，甚至干涸，地下水水位大面积下降，径流条件发生重大改变。不可复原水量所占比例越大，对自然水文循环的扰动越剧烈，天然径流量的降低将十分显著，引起一系列的环境与生态灾害。

三、我国水循环途径

我国地处西伯利亚干冷气团和太平洋暖湿气团进退交锋地区，一年内水汽输送和降水量的变化主要取决于太平洋暖湿气团进退的早晚和西伯利亚干冷气团强弱的变化，以及7～8月间太平洋西部的台风情况。

我国的水汽主要来自东南海洋，并向西北方向移运，首先在东南沿海地区形成较多的降水，越向西北，水汽量越少。来自西南方向的水汽输入也是我国水汽的重要来源，主要是由于印度洋的大量水汽随着西南季风进入我国西南，因而引起降水，但由于崇山峻岭阻隔，水汽不能深入内陆腹地。西北边疆地区，水汽来自西风环流带来的大西洋水汽。此外，北冰洋的水汽借强盛的北风，经西伯利亚、蒙古国进入我国西北，因风力较大而稳定，有时甚至可直接通过两湖盆地而达珠江三角洲，但所含水汽量少，引起的降水量并不多。我国鄂霍次克海的水汽随东北风来到东北地区，对该地区降水起着相当大的作用。

综上所述，我国水汽主要从东南和西南方向输入，水汽输出口主要是东部沿海，输入的水汽，在一定条件下凝结、降水成为径流。其中大部分经东北的黑龙江、图们江、绥芬河、鸭绿江、辽河，华北的滦河、海河、黄河，中部的长江、淮河，东南沿海的钱塘江、闽江、华南的珠江，西南的元江、澜沧江以及中国台湾地区各河注入太平洋；少部分经怒江、雅鲁藏布江等流入印度洋；还有很少一部分经额尔齐斯河注入北冰洋。

一个地区的河流，其径流量的大小及变化取决于所在的地理位置及水循环线中外来水汽输送量的大小和季节变化，也受当地水汽蒸发多少的控制。因此，要认识一条河流的径流情势，不仅要研究本地区的气候及自然地理条件，也要研究它在大区域内水文循环途径中所处的地位。

第二章 水资源管理

第一节 水资源管理概述

一、水资源管理的含义

水资源管理是水资源开发利用的组织、协调、监督和调度，即运用行政、法律、经济、技术和教育等手段，组织各种社会力量开发水利和防治水害；协调社会经济发展与水资源开发利用之间的关系，处理各地区、各部门之间的用水矛盾；监督、限制不合理的开发水资源和危害水源的行为；制订供水系统和水库工程的优化调度方案，科学分配水量。

二、水资源管理的目标

水资源管理的最终目标是使有限的水资源创造最大的社会经济效益和生态环境效益，实现水资源的可持续利用，促进经济社会的可持续发展。

（一）形成能够高效利用水的节水型社会

在对水资源的需求有新发展的形势下，必须把水资源作为关系到社会兴衰的重要因素来对待，并根据中国水资源的特点，计划用水和节约用水，大力保护并改善天然水质。

（二）建设稳定、可靠的城乡供水体系

在节水战略指导下，预测社会需水量的增长率将保持或略高于人口的增长率。在人口达到高峰以后，随着科学技术的进步，需水增长率将相对地有所降低。应按照这个趋势制订相应计划以求解决各个时期的水供需平衡，提高枯水期的供水安全度，及对于特殊干旱的相应对策等，并定期修正计划。

（三）建立综合性防洪安全的社会保障制度

由于人口的增长和经济的发展，如再遇洪水，给社会经济造成的损失将比过去加重很多。在中国的自然条件下，江河洪水的威胁将长期存在。因此，要建立综合性防洪安全的

社会保障体制，以有效地保护社会安全、经济繁荣和人民生命财产安全，以求在发生特大洪水情况下，不致影响社会经济发展的全局。

（四）加强水环境系统的建设和管理，建成国家水环境监测网

水是维系经济和生态系统的最大关键性要素。我们应通过建设国家和地方水环境监测网和信息网，掌握水环境质量状况，努力控制水污染发展的趋势，加强水资源保护，实行水量与水质并重、资源与环境一体化管理，以应付缺水与水污染挑战。

三、水资源管理的原则

水资源管理要遵循以下原则。

（一）维护生态环境，实施可持续发展战略

生态环境是人类生存、生产与生活的基本条件，而水是生态环境中不可缺少的组成要素之一。在对水资源进行开发利用与管理保护时，应把维护生态环境的良性循环放到突出位置，才可能为实施水资源可持续利用、保障人类和经济社会的可持续发展战略奠定坚实的基础。

（二）地表水与地下水、水量与水质实行统一规划调度

地球上的水资源分为地表水资源与地下水资源，而且地表水资源与地下水资源之间存在一定关系。联合调度、统一配置和管理地表水资源和地下水资源，可以提高水资源的利用效率。水资源的水量与水质既是一组不同的概念，又是一组相辅相成的概念。水质的好坏会影响水资源量的多少。人们谈及水资源量的多少时，往往是指能够满足不同用水要求的水资源量。水污染的发生会减少水资源的可利用量。水资源的水量多少会影响水资源的水质。将同样量的污物排入不同水量的水体，由于水体的自净作用，水体的水质会产生不同程度的变化。在制定水资源开发利用规划时，水资源的水量与水质也需统一考虑。

（三）加强水资源统一管理

水资源的统一管理包括水资源应当按流域与区域相结合，实行统一规划、统一调度，建立权威、高效、协调的水资源管理体制；调蓄径流和分配水量，应当兼顾上下游和左右岸用水、航运、竹木流放、渔业和保护生态环境的需要；统一发放取水许可证与统一征收水资源费，取水许可证和水资源费体现了国家对水资源的权属管理、水资源配置规划和水资源有偿使用制度的管理；实施水务纵向一体化管理是水资源管理的改革方向，建立城乡

水源统筹规划调配，实施从供水、用水、排水，到节约用水、污水处理及再利用、水源保护的全过程管理体制，以把水源开发、利用、治理、配置、节约、保护有机地结合起来，实现水资源管理的空间与时间的统一、水质与水量的统一、开发与治理的统一、节约与保护的统一，达到开发利用和管理保护水资源的最佳经济、社会、环境效益的结合。

（四）保障人民生活和生态环境基本用水，统筹兼顾其他用水

水资源的用途主要有农业用水、工业用水、生活用水、生态环境用水、发电用水、航运用水、旅游用水、养殖用水等。《中华人民共和国水法》规定，开发、利用水资源，应当首先满足城乡居民生活用水，并兼顾农业、工业、生态环境用水以及航运等需要。在干旱和半干旱地区开发、利用水资源，应当充分考虑生态环境用水需要。

（五）坚持开源节流并重、节流优先治污为本的原则

我国水资源总量虽然相对丰富，但人均拥有量少，而在水资源的开发利用过程中，又面临着水污染和水资源浪费等问题，严重影响水资源的可持续利用，因此，进行水资源管理时，只有坚持开源节流并重，以及节流优先、治污为本的原则，才能实现水资源的可持续利用。

（六）坚持按市场经济规律办事，发挥市场机制对促进水资源管理的重要作用

水资源管理中的水资源费和水费经济制度，以及谁耗费水量谁补偿、谁污染水质谁补偿、谁破坏生态环境谁补偿的补偿机制，确立全成本水价体系的定价机制和运行机制，水资源使用权和排水权的市场交易运作机制和规则等，都应在政府宏观监督管理下，运用市场机制和社会机制的规则，管理水资源，发挥市场调节在配置水资源和促进合理用水、节约用水中的作用。

（七）坚持依法治水的原则

进行水资源管理时，必须严格遵守相关的法律法规和规章制度，如《中华人民共和国水法》《中华人民共和国水污染防治法》《中华人民共和国水土保持法》《中华人民共和国环境法》等。

（八）坚持水资源属于国家所有的原则

《中华人民共和国水法》规定水资源属于国家所有，水资源的所有权由国务院代表国

家行使，这从根本上确立了我国的水资源所有权原则。坚持水资源属于国家所有，是进行水资源管理的基本原则。

（九）坚持公众参与和民主决策的原则

水资源的所有权属于国家，任何单位和个人引水、截（蓄）水、排水，不得损害公共利益和他人的合法权益，这使得水资源具有公共性的特点。水资源成为社会的共同财富，任何单位和个人都有享受水资源的权利，因此，公共参与和民主决策是实施水资源管理工作时需要坚持的一个原则。

四、水资源管理的内容

水资源管理是一项复杂的水事行为，涉及的内容很多，综合国内外学者的研究，水资源管理主要包括水资源水量与质量管理、水资源法律管理、水资源水权管理、水资源行政管理、水资源规划管理、水资源合理配置管理、水资源经济管理、水资源投资管理、水资源统一管理、水资源管理的信息化、水灾害防治管理、水资源宣传教育、水资源安全管理等。

（一）水资源水量与质量管理

水资源水量与质量管理是水资源管理的基本组成内容之一。水资源水量与质量管理包括水资源水量管理、水资源质量管理，以及水资源水量与水资源质量的综合管理。

（二）水资源法律管理

法律是国家制定或认可的，由国家强制力保证实施的行为规范，是以规定当事人权利和义务为内容的具有普遍约束力的社会规范。法律是国家和人民利益的体现和保障。水资源法律管理是通过法律手段强制性管理水资源行为。水资源的法律管理是实现水资源价值和可持续利用的有效手段。

（三）水资源水权管理

水资源水权是指水的所有权、开发权、使用权以及与水开发利用有关的各种用水权利的总称。水资源水权是调节个人之间、地区与部门之间以及个人、集体与国家之间使用水资源及相邻资源的一种权益界定的规则。《中华人民共和国水法》规定水资源属于国家所有，水资源的所有权由国务院代表国家行使。

（四）水资源行政管理

水资源行政管理是指与水资源相关的各类行政管理部门及其派生机构，在宪法和其他相关法律、法规的规定范围内，对于与水资源有关的各种社会公共事务进行的管理活动，不包括水资源行政组织对内部事务的管理。

（五）水资源规划管理

开发、利用、节约、保护水资源和防治水害，应当按照流域、区域统一制定规划。规划分为流域规划和区域规划，流域规划包括流域综合规划和流域专业规划，区域规划包括区域综合规划和区域专业规划。综合规划是指根据经济社会发展需要和水资源开发利用现状编制的开发、利用、节约、保护水资源和防治水害的总体部署。专业规划是指防洪、治涝、灌溉、航运、供水、水力发电、竹木流放、渔业、水资源保护、水土保持、防沙治沙、节约用水等规划。

（六）水资源合理配置管理

水资源合理配置方式是水资源持续利用的具体体现。水资源配置如何，关系到水资源开发利用的效益、公平原则和资源、环境可持续利用能力的强弱。《中华人民共和国水法》规定全国水资源的宏观调配由国务院发展计划主管部门和国务院水行政主管部门负责。

（七）水资源经济管理

水资源是有价值的，水资源经济管理是通过经济手段对水资源利用进行调节和干预。水资源经济管理是水资源管理的重要组成部分，有助于提高社会和民众的节水意识和环境意识，对于遏止水环境恶化和缓解水资源危机具有重要作用，是实现水资源可持续利用的重要经济手段。

（八）水资源投资管理

为维护水资源的可持续利用，必须要保证水资源的投资。此外，在水资源投资面临短缺时，如何提高水资源的投资效益也是非常重要的。

（九）水资源统一管理

对水资源进行统一管理，实现水资源管理在空间与时间的统一、质与量的统一、开发与治理的统一、节约与保护的统一，为实施水资源的可持续利用提供基本支撑条件。

（十）水资源管理的信息化

水资源管理是一项复杂的水事行为，需要收集和处理大量的信息，在复杂的信息中又需要及时得到处理结果，提出合理的管理方案，使用传统的方法很难达到这一要求。基于现代信息技术，建立水资源管理信息系统，能显著提高水资源的管理水平。

（十一）水灾害防治管理

水灾害是影响范围最广泛的自然灾害，也是影响我国经济建设、社会稳定的最大的自然灾害。危害最大、范围最广、持续时间较长的水灾害有干旱、洪水、风暴潮、灾害性海浪、泥石流、水生态环境灾害等。

（十二）水资源宣传教育

可以通过书刊、报纸、电视、讲座等多种形式与途径，向公众宣传有关水资源信息和业务准则，提高公众对水资源的认识。同时，可以搭建不同形式的公众参与平台，提高公众对水资源管理的参与意识，为实施水资源的可持续利用奠定广泛与坚实的群众基础。

（十三）水资源安全管理

水资源安全是水资源管理的最终目标。水资源是人类赖以生存和发展的不可缺少的一种宝贵资源，也是自然环境的重要组成部分，因此，水资源安全是人类生存与社会可持续发展的基础条件。

第二节　水资源法律管理

一、水资源法律管理的概念

水资源法律管理是水资源管理的基础，在进行水资源管理的过程中，只有通过依法治水才能实现水资源开发、利用和保护目的，满足社会经济和环境协调发展的需要。

水资源法律管理是以立法的形式，通过水资源法规体系的建立，为水资源的开发、利用、治理、配置、节约和保护提供制度安排，调整与水资源有关的人与人的关系，并间接调整人与自然的关系。

水法有广义和狭义之分，狭义的水法是《中华人民共和国水法》。广义的水法是指调整在水的管理、保护、开发、利用和防治水害过程中所发生的各种社会关系的法律规范的总称。

二、水资源法律管理的作用

水资源法律管理的作用是借助国家强制力，对水资源开发、利用、保护、管理等各种行为进行规范，解决与水资源有关的各种矛盾和问题，实现国家的管理目标。具体表现在以下几个方面：规范、引导用水部门的行为，促进水资源可持续利用；加强政府对水资源的管理和控制，同时约束行政管理行为；明确的水事法律责任规定，为解决各种水事冲突提供了依据；有助于提高人们保护水资源和生态环境的意识。

三、我国水资源管理的法规体系构成

我国在水资源方面颁布了大量具有行政法规效力的规范性文件，如《中华人民共和国水法》《中华人民共和国水污染防治法》《中华人民共和国水土保持法》《中华人民共和国防洪法》《中华人民共和国环境保护法》《中华人民共和国河道管理条例》《取水许可证制度实施办法》等一系列法律法规，初步形成了一个由中央到地方、由基本法到专项法再到法规条例的多层次的水资源管理的法规体系。按照立法体制、效力等级的不同，我国水资源管理的法规体系构成如下所述。

（一）宪法中有关水的规定

宪法是一个国家的根本大法，具有最高法律效力，是制定其他法律法规的依据。《中华人民共和国宪法》中有关水的规定也是制定水资源管理相关的法律法规的基础。《中华人民共和国宪法》第 9 条第 1、2 款分别规定，“水流属于国家所有，即全民所有”“国家保障自然资源的合理利用”，是关于水权的基本规定以及合理开发利用、有效保护水资源的基本准则。对于国家在环境保护方面的基本职责和总政策，第 26 条做了原则性的规定，“国家保护和改善生活环境和生态环境，防治污染和其他公害”。

（二）全国人大制定的有关水的法律

由全国人大制定的有关水的法律主要包括与（水）资源环境有关的综合性法律和有关水资源方面的单项法律。目前，我国还没有一部综合性资源环境法律，《中华人民共和国环境保护法》可以认为是我国在环境保护方面的综合性法律；《中华人民共和国水法》是我国第一部有关水的综合性法律，是水资源管理的基本大法。针对我国水资源洪涝灾害频繁、水资源短缺和水污染现象严重等问题，我国专门制定了《中华人民共和国水污染防治法》《中华人民共和国水土保持法》《中华人民共和国防洪法》等有关水资源方面的单项法律，为我国水资源保护、水土保持、洪水灾害防治等工作的顺利开展提供法律依据。

第三节 水资源水量及水质管理

一、水资源水量管理

（一）水资源总量

水资源总量是地表水资源量和地下水资源量两者之和，这个总量应是扣除地表水与地下水重复量之后的地表水资源和地下水资源天然补给量的总和。由于地表水和地下水相互联系和相互转化，故在计算水资源总量时，需将地表水与地下水相互转化的重复水量扣除。水资源总量的计算公式为：

$$W = R + Q - D$$

式中：W 为水资源总量；R 为地表水资源量；Q 为地下水资源量； D 为地表水与地下水相互转化的重复水量。

水资源总量中可能被消耗利用的部分称为水资源可利用量，包括地表水资源可利用量和地下水资源可利用量。水资源可利用量是指在可预见的时期内，在统筹考虑生活、生产和生态环境用水的基础上，通过经济合理、技术可行的措施，在当地水资源中可一次性利用的最大水量。

（二）水资源供需平衡管理

水是基础性的自然资源和战略性的经济资源，是生态环境的控制性要素。水资源的可持续利用，是城市乃至国家经济社会可持续发展极为重要的保证，也是维护人类环境的极为重要的保证。我国人均、亩均占有水资源量少，水资源时空分布极为不均匀。特别是西北干旱、半干旱区，水资源是制约当地社会经济发展和生态环境改善的主要因素。

1. 水资源供需平衡分析的意义

城市水资源供需平衡分析是指在一定范围内（行政、经济区域或流域）不同时期的可供水量和需水量的供求关系分析。其目的：一是通过可供水量和需水量的分析，弄清楚水资源总量的供需现状和存在的问题；二是通过不同时期、不同部门的供需平衡分析，预测未来，了解水资源余缺的时空分布；三是针对水资源供需矛盾，进行开源节流的总体规划，明确水资源综合开发利用保护的主要目标和方向，以实现水资源的长期供求计划。因此，水资源供需平衡分析是国家和地方政府制订社会经济发展计划和保护生态环境必须进行的行动，也是进行水源工程和节水工程建设，加强水资源、水质和水生态系统保护的重要依据。开展此项工作，有助于使水资源的开发利用获得最大的经济、社会和环境效益，满足社会经济发展对水量和水质日益增长的要求，同时在维护资源的自然功能，以及维护和改善生态环境的前提下，实现社会经济的可持续发展，使水资源承载力、水环境承载力相协调。

2. 水资源供需平衡分析的原则

水资源供需平衡分析涉及社会、经济、环境生态等方面，不管是从可供水量还是需水量方面分析，牵涉面广且关系复杂。因此，水资源供需平衡分析必须遵循以下原则。

（1）长期与近期相结合原则

水资源供需平衡分析实质上就是对水的供给和需求进行平衡计算。水资源的供与需不仅受自然条件的影响，还受人类活动的影响。在社会不断发展的今天，人类活动对供需关系的影响已经成为基本的因素，而这种影响又随着经济条件的不断改善而发生阶段性的变化。因此，在进行水资源供需平衡分析时，必须有中长期的规划，做到未雨绸缪，不能临渴掘井。

在对水资源供需平衡进行具体分析时，根据长期与近期原则，可以分成几个分析阶段：①现状水资源供需分析，即对近几年来本地区水资源实际供水、需水的平衡情况，以及在现有水资源设施和各部门需水的水平下，对本地区水资源的供需平衡情况进行分析。②今后五年内水资源供需分析，它是在现状水资源供需分析的基础上结合国民经济五年计划对供水与需求的变化情况进行供需分析。③今后 10 年或 20 年内水资源供需分析。这项工作必须紧密结合本地区的长远规划来考虑，同样也是本地区国民经济远景规划的组成部分。

（2）宏观与微观相结合原则

宏观与微观相结合即大区域与小区域相结合，单一水源与多个水源相结合，单一用水部门与多个用水部门相结合。水资源具有区域分布不均匀的特点，在进行全省或全市（县）的水资源供需平衡分析时，往往以整个区域内的平衡值来计算，这就势必造成全局与局部矛盾。大区域内水资源平衡了，各小区域内可能有亏有盈。因此，在进行大区域的水资源供需平衡分析后，还必须进行小区域的供需平衡分析，只有这样才能反映各小区域的真实情况，从而提出切实可行的措施。

在进行水资源供需平衡分析时，除了对单一水源地（如水库、河闸和机井群）的供需平衡加以分析外，还应重视对多个水源地联合起来的供需平衡分析，这样可以最大限度地发挥各水源地的调解能力，提高供水保证率。

由于各用水部门对水资源的量与质的要求不同，对供水时间的要求也相差较大。因此在实践中许多水源是可以重复交叉使用的。例如，内河航运与养鱼、环境用水相结合，城市河湖用水、环境用水和工业冷却水相结合等。一个地区水资源利用得是否科学，重复用水量是一个很重要的指标。因此，在进行水资供需平衡分析时，除考虑单一用水部门的特殊需要外，本地区各用水部门应综合起来统一考虑，否则会造成很大的损失。这项工作完成后可以提出哪些部门设在上游，哪些部门设在下游，或哪些部门可以放在一起等合理的建议，为将来水资源合理调度创造条件。

（3）科技、经济、社会三位一体统一考虑原则

对现状或未来水资源供需平衡的分析都涉及技术和经济方面的问题、行业间的矛盾以及省市之间的矛盾等社会问题。在解决实际的水资源供需不平衡的许多措施中，被采用的可能是技术上合理而经济上并不一定合理的措施；也可能是矛盾最小，但技术与经济上都不合理的措施。因此，在进行水资源供需平衡分析时，应统一考虑以下三种因素，即社会矛盾最小、技术与经济都较合理、综合起来最为合理（对某一因素而言并不一定是最合理的）。

（4）水循环系统综合考虑原则

水循环系统指的是人类利用天然的水资源时所形成的社会循环系统。人类开发利用水资源经历三个系统：供水系统、用水系统、排水系统。这三个系统彼此联系、相互制约。从水源地取水，经过城市供水系统净化，提升至用水系统；经过使用后，受到某种程度的污染流入城市排水系统；经过污水处理厂处理后，一部分退至下游，一部分达到再生水回用标准重新返回到供水系统中，或回到用户再利用，从而形成了水的社会循环。

3. 水资源供需平衡分析的方法

水资源供需平衡分析必须根据一定的雨情、水情来进行，主要有两种分析方法：一种为系列法；另一种为典型年法（或称代表年法）。系列法是按雨情、水情的历史系列资料进行逐年的供需平衡分析计算；而典型年法仅是根据具有代表性的几个不同年份的雨情、水情进行分析计算，而不必逐年计算。这里必须强调，不管采用何种分析方法，所采用的基础数据（如水文系列资料、水文地质的有关参数等）的质量至关重要，其将直接影响到供需分析成果的合理性和实用性。下面介绍两种方法：一种叫典型年法；另一种叫水资源系统动态模拟法（系列法的一种）。在了解两种分析方法之前，首先介绍一下供水量和需水量的计算与预测。

（1）可供水量的计算与预测

可供水量是指不同水平年、不同保证率或不同频率条件下通过工程设施可提供的符合一定标准的水量，包括区域内的地表水、地下水外流域的调水，污水处理回用和海水利用等。它有别于工程实际的供水量，也有别于工程最大的供水能力。不同水平年意味着计算可供水量时，要考虑现状近期和远景的几种发展水平的情况，是一种假设的来水条件。不同保证率或不同频率条件表示计算可供水量时，要考虑丰、平、枯几种不同的来水情况。保证率是指工程供水的保证程度（或破坏程度），可以通过系列调算法进行计算得到。频率一般表示来水的情况，在计算可供水量时，既表示要按来水系列选择代表年，也表示应用代表年法来计算可供水量。

可供水量的影响因素：

①来水条件：由于水文现象的随机性，将来的来水是不能预知的，因而将来的可供水量是随不同水平年的来水变化及其年内的时空变化而变化。

②用水条件：由于可供水量有别于天然水资源量，例如只有农业用户的河流引水工程，虽然可以长年引水，但非农业用水季节所引水量没有用户，不能算为可供水量；又例如河道的冲淤用水、河道的生态用水，都会直接影响到河道外的直接供水的可供水量；河道上游的用水要求也直接影响到下游的可供水量。因此，可供水量是随用水特性、合理用水和节约用水等条件的不同而变化的。

③工程条件：工程条件决定了供水系统的供水能力。现有工程参数的变化、不同的调度运行条件以及不同发展时期新增工程设施，都将决定不同的供水能力。

④水质条件：可供水量是指符合一定使用标准的水量，不同用户有不同的标准。在供需分析中计算可供水量时要考虑到水质条件。例如从多沙河流引水，高含沙量河水就不宜引用；高矿化度地下水不宜开采用于灌溉；对于城市的被污染水、废污水在未经处理和论证时也不能算作可供水量。

总之，可供水量既不等于天然水资源量，也不等于可利用水资源量。一般情况下，可供水量小于天然水资源量，也小于可利用水资源量。对于可供水量，要分类、分工程、分区逐项逐时段计算，最后还要汇总成全区域的总供水量。

另外，需要说明的是，所谓的供水保证率是指多年供水过程中，供水得到保证的年数占总年数的百分数，常用下式计算：

$$P=\frac{M}{N+1}\times 100\%$$

式中，P 为供水保证率；M 为保证正常供水的年数；N 为供水总年数。

在供水规划中，按照供水对象的不同，应规定不同的供水保证率。例如居民生活供水

保证率 P =95% 以上、工业用水 P =90% 或 95%、农业用水 P =50% 或 75% 等。保证正常供水是指通常按用户性质，能满足其需水量的 90% ~ 98%（满足程度），视作正常供水。对供水总年数，通常指统计分析中的样本总数，如所取降雨系列的总年数或系列法供需分析的总年数。根据上述供水保证率的概念，可以得出两种确定供水保证率的方法。

第一种方法：上述的在今后多年供水过程中有保证年数占总供水年数的百分数。今后多年是一个计算系列，在这个系列中，不管哪一个年份，只要有保证的年数足够，就可以达到所需的保证率。

第二种方法：规定某一个年份（例如 2020 年这个水平年），这一年的来水可以是各种各样的。现在把某系列各年的来水都放到 2020 年这一水平年去进行供需分析，计算其供水有保证的年数占系列总年数的百分数，即为 2020 年这一水平年的供水遇到所用系列的来水时的供水保证率。

（2）需水量的计算与预测

①需水量概述

需水量可分为河道内用水量和河道外用水量两大类。河道内用水量包括水力发电、航运、放牧、冲淤、环境、旅游等，主要利用河水的势能和生态功能，基本上不消耗水量或污染水质，属于非耗损性清洁用水。河通外用水量包括生活需水量、工业需水量、农业需水量、生态环境需水量等四种。

生活需水量是指为满足居民高质量生活所需要的用水量。生活需水量分为城市生活需水量和农村生活需水量，城市生活需水量是供给城市居民生活的用水量，包括居民家庭生活用水和市政公共用水两部分。居民家庭生活用水是指维持日常生活的家庭和个人需水，主要指饮用和洗涤等室内用水；市政公共用水包括饭店、学校、医院、商店、浴池、洗车场、公路冲洗、消防、公用厕所、污水处理厂等用水。农村生活需水量可分为农村家庭需水量、家养禽畜需水量等。

工业需水量是指在一定的工业生产水平下，为实现一定的工业生产产品量所需要的用水量。工业需水量分为城市工业需水量和农村工业需水量。城市工业需水量是供给城市工业企业的工业生产用水，一般是指工业企业生产过程中，用于制造、加工、冷却、空调、制造、净化、洗涤和其他方面的用水，也包括工业企业内工作人员的生活用水。

农业需水量是指在一定的灌溉技术条件下供给农业灌溉、保证农业生产产量所需要的用水量，主要取决于农作物品种、耕作与灌溉方法。农业需水量分为种植业需水量、畜牧业需水量、林果业需水量和渔业需水量。

生态环境需水量是指为达到某种生态水平，并维持这种生态系统平衡所需要的用水量。

生态环境需水量由生态需水量和环境需水量两部分构成。生态需水量是达到某种生态水平或者维持某种生态系统平衡所需要的水量，包括维持天然植被所需水量、水土保持及水土保持范围外的林草植被建设所需水量以及保护水生物所需水量；环境需水量是为保护和改善人类居住环境及其水环境所需要的水量，包括改善用水水质所需水量、协调生态环境所需水量、回补地下水量、美化环境所需水量及休闲旅游所需水量。

②用水定额

用水定额是用水核算单元规定或核定的使用新鲜水的水量限额，即单位时间内，单位产品、单位面积或人均生活所需要的用水量。用水定额一般可分为生活用水定额、工业用水定额和农业用水定额三部分。核算单元对于城市生活用水而言可以是人、床位、面积等，对于城市工业用水而言可以是某种单位产品、单位产值等，对于农业用水而言可以是灌溉面积、单位产量等。

用水定额随社会、科技进步和国民经济发展而变化，经济发展水平、地域、城市规模工业结构、水资源重复利用率、供水条件、水价、生活水平、给排水及卫生设施条件、生活方式等，都是影响用水定额的主要因素。如生活用水定额随社会的发展、文化水平的提高而逐渐提高。通常住房条件较好、给水设备较完善、居民生活水平相对较高的大城市，生活用水定额也较高。而工业用水定额和农业用水定额因科技进步而逐渐降低。

用水定额是计算与预测需水量的基础，需水量计算与预测的结果正确与否，与用水定额的选择有极大的关系，应该根据节水水平和社会经济的发展，通过综合分析和比较，确定适应地区水资源状况和社会经济特点的合理用水定额。

（3）水资源供需平衡分析

①典型年法的含义

典型年（又称代表年）法，是指对某一范围的水资源供需关系，只进行典型年份平衡分析计算的方法。其优点是可以克服资料不全（系列资料难以取得时）及计算工作量太大的问题。首先，根据需要来选择不同频率的若干典型年。我国规范规定：平水年频率 P =50%，一般枯水年频率 P =75%，特别枯水年频率 P =90%（或 95%）。在进行区域水资源供需平衡分析时，北方干旱和半干旱地区一般要对 P =50% 和 P =75% 两种代表年的水供需进行分析；而在南方湿润地区，一般要对 P =50%、P =75% 和 P =90%（或 95%）三种代表年的水供需进行分析。实际上，选哪几种代表年，应根据水供需的目的来确定，可不必拘泥于上述的情况。如北方干旱缺水地区，若想通过水供需分析来寻求特枯年份的水供需对策措施，则必须对 P =90%（或 95%）代表年进行水供需分析。

②计算分区和时段划分

水资源供需分析，就某一区域来说，其可供水量和需水量在地区上和时间上的分布都是不均匀的。如果不考虑这些差别，在大区域的时间和空间内进行平均计算，往往使供需矛盾不能充分暴露出来，那么其计算结果不能反映实际的状况，这样的供需分析不能起到指导作用。所以，必须进行分区和确定计算时段。

1）区域划分

分区进行水资源供需分析研究，便于弄清水资源供需平衡要素在各地区之间的差异，以便针对不同地区的特点采取不同的措施和对策。另外，将大区域划分成若干个小区后，可以使计算分析得到相应简化，便于研究工作的开展。

在分区时一般应考虑以下原则：

尽量按流域、水系划分，对地下水开采区应尽量按同一水文地质单元划分。

尽量照顾行政区划的完整性，便于资料的收集和统计，更有利于水资源的开发利用和保护的决策和管理。

尽量不打乱供水、用水、排水系统。

分区的方法是逐级划分，即把要研究的区域划分成若干个一级区，每一个一级区又划分为若干个二级区。以此类推，最后一级区称为计算单元。分区面积的大小应根据需要和实际情况而定。分区过大，往往会掩盖水资源在地区分布上的差异性，无法反映供需的真实情况。而分区过小，不仅增加了计算工作量，而且同样会使供需平衡分析结果反映不了客观情况。因此，在实际的工作中，在供需矛盾比较突出的地方，或工农业发达的地方，分区宜小。对于不同旧的地貌单元（如山区和平原）或不同类型的行政单元（如城镇和农村），宜划为不同的计算区。对于重要的水利枢纽所控制的范围，应专门划出进行研究。

2）时段划分

时段划分也是供需平衡分析中一项基本工作，目前，分别采用年、季、月和日等不同的时段。从原则上讲，时段划分得越小越好，但实践表明，时段的划分也受各种因素的影响，究竟按哪一种时段划分最好，应对各种不同情况加以综合考虑。

由于城市水资源供需矛盾普遍尖锐，管理运行部门为了最大限度地满足各地区的需水要求，将供水不足所造成的损失压缩到最低程度，需要紧密结合需水部门的生产情况，实行科学供水。同时，也需要供水部门实行准确计量，合理收费。因此，供水部门和需水部门都要求把计算时段分得小一些，一般以旬、日为单位进行供需平衡分析。

在做水资源规划（流域水资源规划、地区水资源规划、供水系统水资源规划）时，应着重方案的多样性，而不宜对某一具体方案做得过细，所以在这个阶段，计算时段一般不宜太小，以“年”为单位即可。

对于无水库调节的地表水供水系统，特别是北方干旱、半干旱地区，由于来水年内变化很大，枯水季节水量比较稳定，在选取段时，枯水季节可以选得长些，而丰水季节应短些。如果分析的对象是全市或与本市有关的外围区域，由于其范围大、情况复杂，分析时段一般以年为单位，若取小了，不仅加大工作量，而且也因资料差别较大而无法提高精度。如果分析对象是一个卫星城镇或一个供水系统，范围不大，则应尽量将时段选得小些。

③典型年和水平年的确定

1）典型年来水量的选择及分布

典型年的来水需要用统计方法推求。首先根据分区的具体情况来选择控制站，以控制站的实际来水系列进行频率计算，选择符合某一设计频率的实际典型年份，然后求出该典型年的来水总量。可以选择年天然径流系列或年降雨量系列进行频率分析计算。如北方干旱、半干旱地区，降雨较少，供水主要靠径流调节，则常用年径流系列来选择典型年。南方湿润地区，降雨较多，缺水既与降雨有关，又与用水季节径流调节分配有关，故可以有多种系列选择。例如在西北内陆地区，农业灌溉取决于径流调节，故多采用年径流系列来选择代表年，而在南方地区农作物一年三熟，全年灌溉，降雨量对灌溉用水影响很大，故常用年降雨量系列来选择典型年。至于降雨的年内分配，一般挑选年降雨量接近典型年的实际资料进行缩放分配。

典型年来水量的分布常采用的一种方法是按实际典型年的来水量进行分配，但地区内降雨、径流的时空分配受所选择典型年支配，具有一定的偶然性，为了克服这种偶然性，通常选用频率相近的若干个实际年份进行分析计算，并从中选出对供需平衡偏于不利的情况进行分配。

2）水平年

水资源供需分析是要弄清研究区域现状和未来的几个阶段的水资源供需状况，这几个阶段的水资源供需状况与区域的国民经济和社会发展有密切关系，并应与该区域的可持续发展的总目标相协调。一般情况下，需要研究分析四个发展阶段的供需情况，即所谓的四个水平年的情况，分别为现状水平年（又称基准年，系指现状情况以该年为标准）、近期水平年（基准年以后 5 年或 10 年）、远景水平（基准年以后 15 年或 20 年）、远景设想水平年（基准年以后 30 年至 50 年）。一个地区的水资源供需平衡分析究竟取几个水平年，应根据有关规定或当地具体条件以及供需分析的目的而定，一般可取前三个水平年即现状、近期、远景三个水平年进行分析。对于重要的区域一般还要有远景水平年，而资料条件差的一般地区，也有只取两个水平年的。当资料条件允许而又需要时，也应进行远景设想水平年的供需分析的工作，如长江、黄河等七大流域为配合国家中长期的社会经济可持续发展规划，原则上都要进行四种阶段的供需分析。

④水资源供需平衡分析——动态模拟分析法

一个区域的水资源供需系统可以看成由水源、用水、蓄水和输水等子系统组成的大系统。供水水源有不同的来水、储水系统，如地面水库、地下水库等，有本区产水和区外来水或调水，而且彼此互相联系、互相影响。用水系统由生活、工业、农业、环境等用水部门组成，输、配水系统既相对独立于以上的两个系统，又起到相互联系的作用。水资源系统可视为由既相互区别又相互制约的各个子系统组成的有机联系的整体，它既考虑到城市的用水，又考虑到工农业和航运、发电、防洪除涝、改善水环境等方面的用水。水资源系统是一个多用途、多目标的系统，涉及社会、经济和生态环境等多项的效益，因此，仅用传统的方法来进行供需分析和管理规划，是满足不了要求的。应该应用系统分析的方法，通过多层次和整体的模拟模型和规划模型以及水资源决策支持系统，进行各个子系统和全区水资源多方案调度，以寻求解决一个区域水资源供需的最佳方案和对策。下面介绍水资源供需平衡分析动态模拟分析方法。

1）动态模拟分析法内容

该方法的主要内容包括以下几方面。

基本资料的调查收集和分析。基本资料是模拟分析的基础，决定了成果的好坏，故要求基本资料准确、完整和系列化。基本资料包括来水系列、区域内的水资源量和质、各部门用水（如城市生活用水、工业用水、农业用水等）、水资源工程资料、有关基本参数资料（如地下含水层水文地质资料、渠系渗漏水库蒸发等）以及相关的国民经济指标的资料等。

水资源系统管理调度包括水量管理调度（如地表水库群的水调度、地表水和地下水的联合调度、水资源的分配等）、水量水质的控制调度等。

水资源系统的管理规划通过建立水资源系统模拟来分析现状和不同水平年的各个用水部门（城市生活、工业和农业等）的供需情况（供水保证率和可能出现的缺水状况）；解决各种工程和非工程的水资源供需矛盾，并进行定量分析；对工程经济、社会和环境效益进行分析和评价等。

2）动态模拟分析法特点

与典型年法相比，水资源供需平衡动态模拟分析方法有以下特点。

A. 该方法不是对某一个别的典型年进分析，而是在较长的时间系列里对一个地区的水资源供需的动态变化进行逐个时段模拟和预测，因此可以综合考虑水资源系统中各因素随时间变化及随机性而引起的供需的动态变化。例如，当最小计算时段选择为天，则既能反映水均衡在年际的变化，又能反映在年内的动态变化。

B. 该方法不仅可以对整个区域的水资源进行动态模拟分析，而且由于采用不同分区和不同水源（地表水与地下水、本地水资源和外域水资源等）之间的联合调度，能考虑它们之间的相互联系和转化，因此该方法能够反映水在时间上的动态变化，也能够反映地域空间上的水供需的不平衡性。

C. 该方法采用系统分析方法中的模拟方法，仿真性好，能直观形象地模拟复杂的水资源供需关系和管理运行方面的功能，可以按不同调度及优化的方案进行多方案模拟，并可以对不同方案的供水的社会经济和环境效益进行评价分析，便于了解不同时间、不同地区的供需状况以及采取对策措施所产生的效果，使得水资源在整个系统中得到合理的利用，这是典型年法不可比的。

3）模拟模型的建立、检验和运行

由于水资源系统比较复杂，涉及的方面很多，诸如水量和水质、地表水和地下水的联合调度、地表水库的联合调度、本地区和外区水资源的合理调度、各个用水部门的合理配水、污水处理及其再利用等。因此，在这样庞大而又复杂的系统中有许多非线性关系和约束条件在最优化模型中无法解决，而模拟模型具有很好的仿真性能，这些问题在模型中就能得到较好的模拟。但模拟并不能直接解决规划中的最优解问题，而是要给出必要的信息或非劣解集。可能的水供需平衡方案很多，需要决策者来选定。为了使模拟给出的结果接近最优解，往往在模拟中规划好运行方案，或整体采用模拟模型，而局部采用优化模型。也常常将这两种方法结合起来，如区域水资源供需分析中的地面水库调度采用最优化模型，使地表水得到充分的利用，然后对地表水和地下水采用模拟模型联合调度，来实现水资源的合理利用。水资源系统的模拟与分析，一般需要经过模型建立、模型的调参和检验、模型运行方案的设计等几个步骤。

A. 模型的建立

建立模型是水资源系统模拟的前提。建立模型就是要把实际问题概化成一个物理模型，按照一定的规则建立数学方程来描述有关变量间的定量关系。这一步骤包括有关变量的选择，以及确定有关变量间的数学关系。模型只是真实事件的一个近似的表达，并不是完全真实，因此，模型应尽可能地简单，所选择的变量应最能反映其特征。以一个简单的水库的调度为例，其有关变量包括水库蓄水量、工业用水量、农业用水量、水库的损失量（蒸发量和水库渗漏量）以及入库水量等，可用水量平衡原理来建立各变量间的数学关系，并按一定的规则来实现水库的水调度运行。

想要运行这个水库调度模型，还要有水库库容水位关系曲线、水库的工程参数和运行规则等，且要把它放到整个水资源系统中去运行。

B. 模型的调参和检验

模拟就是利用计算机技术来实现或预演某一系统的运行情况。水资源供需平衡分析的动态模拟就是在制订各种运行方案下重现现阶段水资源供需状况和预演今后一段时期水资源供需状况。但是，按设计方案正式运行模型之前，必须对模型中有关的参数进行确定以及对模型进行检验来判定该模型的可行性和正确性。

一个数学模型通常含有称为参数的数学常数，如水文和水文地质参数等，其中有的是通过实测或试验求得的，有的则是参考外地凭经验选取的。这些参数必须用有关的历史数据来确定，这就是所谓的调参计算或称为参数估值。就是对模型实行正运算，先假定参数，算出的结果和实测结果比较，与实测资料吻合就说明所用（或假设的）参数正确。如果一次参数估值不理想，则可以对有关的参数进行调整，直至达到满意为止。若参数估值一直不理想，则必须考虑对模型进行修改。所以参数估值是模型建立的重要一环。

所建的模型是否正确和符合实际，要过检验。检验的一般方法是输入与求参不同的另外一套历史数据，运行模型并输出结果，看其与系统实际记录是否吻合，若能吻合或吻合较好，反映检验的结果具有良好的一致性，说明所建模型具有可行性和正确性，模型的运行结果是可靠的。若和实际资料吻合不好，则要对模型进行修正。

模型与实际吻合的标准要具体分析。计算值和实测值在数量上不需要也不可能要求吻合得十分精确。所选择的比较项应既能反映系统特性，又有完整的记录，例如有地下水开采地区，可选择实测的地下水位进行比较，比较时不要拘泥于个别观测井、个别时段的值，可根据实际情况，选择各分区的平均值进行比较；对高离散型的有关值（如地下水有限元计算结果），可给出地下水位等值线图进行比较。又如，对整个区域而言，可利用地面径流水文站的实测水量和流量的数据，进行水量平衡校核。

在模型检验中，当计算结果和实际不符时，就要对模型进行修正。若发现模型对输入没有响应，比如地下水模型在不同开采的输入条件下，所计算的地下水位没有什么变化，则说明模型不能反映系统特性，应从模型的结构是否正确、边界条件处理是否得当等方面去分析并加以相应修正，有时则要重新建模。如果模型对输入有所响应，但是计算值偏离实测值太大，这时也可以从输入量和实际值方面进行检查和分析，总之，检验模型和修正模型是很重要也是很细致的工作。

C. 模型运行方案的设计

在模拟分析方法中，决策者希望模拟结果能尽量接近最优解，同时，还希望能得到不同方案的有关信息，如高、低指标方案，不同开源节流方案的计算结果等。所以，就要进行不同运行方案的设计。在进行不同的方案设计时，应考虑以下的几个方面。

a. 模型中所采用的水文系列，既可用一次历史系列，也可用历史资料循环系列。

b. 开源工程的不同方案和开发次序。例如，是扩大地下水源还是地面水源、是开发本区水资源还是区外水资源、不同阶段水源工程的规模等，都要根据专题研究报告进行运行方案设计。

c. 不同用水部门的配水或不同小区的配水方案的选择。

d. 不同节流方案、不同经济发展速度和水指标的选择。在方案设计中要根据需要和可能主观和客观等条件，排除一些明显不合理的方案，选择一些合理可行的方案进行运行计算。

4）水资源系统的动态模拟分析成果的综合

水资源供需平衡动态模拟的计算结果应该加以分析整理，即成果综合。该方法能得出比典型年法更多的信息，其成果综合的内容虽有相似的地方，但要体现出系列法和动态法的特点。

A. 现状供需分析

现状年的供需分析和典型年法一样，都是用实际供水资料进行平衡计算的可用列表表示。由于模拟输出的信息较多，对现状供需状况可进行较详细的分析。例如分区的情况、年内各时段的情况以及各部门用水情况等。

B. 不同发展时期的供需分析

动态模拟分析计算的结果所对应的时间长度和采用的水文系列长度是一致的。对于宏观决策者来说不一定需要逐年的详细资料，而制订发展计划则需要较为详尽的资料。所以在实际工程中，应根据模拟计算结果，把水资源供需平衡整理成能满足不同需要的成果。结合现状分析，按现有的供水设施和本地水源，并借助于数学模型及计算机高速计算技术，对研究区域进行一次今后不同时期的供需模拟计算，通常叫第一次供需平衡分析。通过这次供需平衡分析，可以发现研究区域地面水和地下水的相互联系和转化，区域内不同用水部门用水及各地区用水之间的合理调度以及由于各种制约条件发生变化而引起的水资源供需的动态变化，并可以预测水资源供需矛盾的发展趋势，揭示供需矛盾在地域上的不平衡性等。然后制订不同方案，进行第二次供需平衡分析，对研究区域水资源动态变化做出更科学的预测和分析。对不同的方案，一般都要分析如下几方面的内容。

a. 若干个阶段（水平年）的可供水量和需水量的平衡情况；

b. 一个系列逐年的水资源供需平衡情况；

c. 开源、节流措施的方案规划和数量分析；

d. 各部门的用水保证率及其他评价指标等。

总之，水资源动态模拟模型可作为水资源动态预测的一种基本工具，根据实际情况的变更、资料的积累及在研究工作深入的基础上加以不断完善，可进行重复演算，长期为研究区域水资源规划和管理服务。

二、水资源水质管理

水体的水质标志着水体的物理（如色度、浊度、臭味等）、化学（无机物和有机物的含量）和生物（细菌、微生物、浮游生物、底栖生物）的特性及其组成的状况。在水文循环过程中，天然水水质会发生一系列复杂的变化。自然界中完全纯净的水是不存在的，水体的水质取决于水体的天然水质，以及随着人口和工农业的发展而导致的人为水质水体污染程度。因此，要对水资源的水质进行管理，通过调查水资源的污染源实行水质监测，进行水质调查和评价，制定有关法规和标准，制定水质规划等。水资源水质管理的目标是注意维持地表水和地下水的水质是否达到国家规定的不同要求标准，特别是保证对饮用水源地不受污染，以及风景游览区和生活区水体不致发生富营养化和变臭。

（一）《地表水环境质量标准》

依据地表水水域环境功能和保护目标，按功能高低依次划分为五类：

Ⅰ类：主要适用于源头水、国家自然保护区。

Ⅱ类：主要适用于集中式生活饮用水水源地一级保护区、珍稀水生生物栖息地、鱼虾类产卵场等。

Ⅲ类：主要适用于集中式生活饮用水水源地二级保护区、鱼虾类越冬场、洄游通道、水产养殖区等渔业水域及游泳区。

Ⅳ类：主要适用于一般工业用水区及人体非直接接触的娱乐用水区。

Ⅴ类：主要适用于农业用水区及一般景观要求水域。

对应地表水上述五类水域功能，将地表水环境质量标准基本项目标准值分为五类，不同功能类别分别执行相应类别的标准值。同一水域兼有多类使用功能的，执行最高功能类别对应的标准。

正确认识我国水资源质量现状，加强对水环境的保护和治理是我国水资源管理工作的一项重要内容。

（二）《地下水质量标准》

依据我国地下水水质现状、人体健康基准值及地下水质量保护目标，并参照生活饮用水、工业用水水质要求，将地下水质量划分为五类：

Ⅰ类：主要反映地下水化学组分的天然低背景含量。适用于各种用途。

Ⅱ类：主要反映地下水化学组分的天然背景含量。适用于各种用途。

Ⅲ类：以人体健康基准值为依据。主要适用于集中式生活饮用水水源及工、农业用水。

Ⅳ类：以农业和工业用水要求为依据。除适用于农业和部分工业用水外，适当处理后可作为生活饮用水。

Ⅴ类：不宜饮用，其他用水可根据使用目的选用。

对应地下水上述五类质量用途，将地下水环境质量标准基本项目标准值分为五类，不同质量类别分别执行相应类别的标准值。

三、水资源水量与水质统一管理

联合国教科文组织和世界气象组织共同制定的《水资源评价活动：国家评估手册》将水资源定义为：可以利用或有可能被利用的水源，具有足够的数量和可用的质量，并能在某一地点为满足某种用途而可被利用。从水资源的定义看，水资源包含水量和水质两个方面的含义，是“水量”和“水质”的有机结合，互为依存，缺一不可。

造成水资源短缺的因素有很多，其中两个主要因素是资源性缺水和水质性缺水。资源性缺水是指当地水资源总量少，不能适应经济发展的需要，形成供水紧张；水质性缺水是大量排放的废污水造成淡水资源受污染而短缺的现象。很多时候，水资源短缺并不是由于资源性缺水造成的，而是由于水污染，使水资源的水质达不到用水要求造成的。

水体本身具有自净能力，只要进入水体的污染物的量不超过水体自净能力的范围，便不会对水体造成明显的影响，而水体的自净能力与水体的水量具有密切的关系。同等条件下，水体的水量越大，允许容纳的污染物的量越多。

地球上的水体受太阳能的作用，不断地进行相互转换和周期性的循环过程。在水循环过程中，水不断地与其周围的介质发生复杂的物理和化学作用，从而形成自己的物理性质和化学成分。自然界中完全纯净的水是不存在的。

因此，进行水资源水量和水质管理时，需将水资源水量与水质进行统一管理，只考虑水资源水量或者水质，都是不可取的。

第四节 水价管理

水资源管理措施可分为制度性和市场性两种手段，对于水资源的保护而言，制度性手段可限制不必要的用水，市场性手段则是用价格刺激资源保护。市场性管理就是应用价格的杠杆作用，调节水资源的供需关系，达到资源管理的目的。一个完善合理的水价体系是我国现代水权制度和水资源管理体制建设的必要保障。价格是价值的货币表现，研究水资源价格需要首先研究水资源价值。

一、水资源价值

（一）水资源价值论

水资源有无价值，国内外学术界有不同的解释。研究水资源是否具有价值的理论学说有劳动价值论、效用价值论、生态价值论和哲学价值论等，下面简要介绍劳动价值论与效用价值论。

1. 劳动价值论

马克思在其政治经济学理论中，把价值定义为抽象劳动的凝结，即物化在商品中的抽象劳动。价值量的大小取决于商品所消耗的社会必要劳动时间的多少，即在社会平均的劳动熟练程度和劳动强度下，制造某种使用价值所需的劳动时间。运用马克思的劳动价值论来考察水资源的价值，关键在于水资源是否凝结着人类的劳动。

对于水资源是否凝结着人类的劳动，存在两种观点：一种观点认为，自然状态下的水资源是自然界赋予的天然产物，不是人类创造的劳动产品，没有凝结人类的劳动，因此，水资源不具有价值。另一种观点认为，随着时代的变迁，当今社会早已不是马克思所处的年代，在过去，水资源的可利用量相对比较充裕，不需要人们再付出具体劳动就会自我更新和恢复，因而在这一特定的历史条件下，水资源似乎是没有价值的。随着社会经济的高速发展，水资源短缺等问题日益严重，这表明水资源仅仅依靠自然界的自然再生产已不能满足日益增长的经济需求，我们必须付出一定的劳动参与水资源的再生产。水资源具有价值又正好符合劳动价值论的观点。

上述两种观点都是从水资源是否物化人类的劳动为出发点展开论证的，但得出的结论截然相反，究其原因，主要是劳动价值论是否适用于现代的水资源。随着时代的变迁和社会的发展与进步，仅仅单纯地利用劳动价值论来解释水资源是否具有价值是有一定困难的。

2. 效用价值论

效用价值论是从物品满足人的欲望能力或人对物品效用的主观评价角度来解释价值及其形成过程的经济理论。物品的效用是物品能够满足人的欲望程度。价值则是人对物品满足人的欲望的主观估价。

效用价值论认为，一切生产活动都是创造效用的过程，然而人们获得效用却不一定非要通过生产来实现，效用不但可以通过大自然的赐予获得，而且人们的主观感觉也是效用的一个源泉。只要人们的某种欲望或需要得到了满足，人们就获得了某种效用。

边际效用论是效用价值论后期发展的产物。边际效用是指在不断增加某一消费品所取得的一系列递减的效用中，最后一个单位所带来的效用。边际效用论主要包括以下观点：价值起源于效用。效用是形成价值的必要条件，又以物品的稀缺性为条件，效用和稀缺性是价值得以出现的充分条件。价值取决于边际效用量，即满足人的最后的即最小欲望的那一单位商品的效用；边际效用递减和边际效用均等规律。边际效用递减规律是指人们对某种物品的欲望程度随着享用的该物品数量的不断增加而递减。边际效用均等规律（也称边际效用均衡定律）是指不管几种欲望最初绝对量如何，最终使各种欲望满足的程度彼此相同，才能使人们从中获得的总效用达到最大。效用量是由供给和需求之间的状况决定的，其大小与需求强度成正比例关系，物品价值最终由效用性和稀缺性共同决定。

根据效用价值理论，凡是有效用的物品都具有价值，很容易得出水资源具有价值。因为水资源是生命之源、文明的摇篮、社会发展的重要支撑和构成生态环境的基本要素，对人类具有巨大的效用，此外，水资源短缺已成为全球性问题，水资源满足既短缺又有用的条件。

根据效用价值理论，能够很容易得出水资源具有价值，但效用价值论也存在几个问题，如效用价值论与劳动价值论相对抗、将商品的价值混同于使用价值或物品的效用、效用价值论决定价值的尺度是效用等。

（二）水资源价值的内涵

水资源价值可以利用劳动价值论、效用价值论、生态价值论和哲学价值论等进行研究和解释，但不管用哪种价值论来解释水资源价值，水资源价值的内涵都主要表现在以下三个方面。

1. 稀缺性

稀缺性是资源价值的基础，也是市场形成的根本条件，只有稀缺的东西才会具有经济学意义上的价值，才会在市场上有价格。对水资源价值的认识，是随着人类社会的发展和水资源稀缺性的逐步提高（水资源供需关系的变化）而逐渐发展和形成的，水资源价值也存在从无到有、由低向高的演变过程。

资源价值首要体现的是其稀缺性。水资源具有时空分布不均匀的特点，水资源价值的大小也是其在不同地区、不同时段稀缺性的体现。

2. 资源产权

产权是与物品或劳务相关的一系列权利和一组权利。产权是经济运行的基础，商品和劳务买卖的核心是产权的转让，产权是交易的基本先决条件。资源配置、经济效率和外部性问题都和产权密切相关。

从资源配置角度看，产权主要包括所有权、使用权、收益权和转让权。要实现资源的最优配置，转让权是关键。要体现水资源的价值，一个很重要的方面就是对其产权的体现。产权体现了所有者对其拥有的资源的一种权利，是规定使用权的一种法律手段。

我国宪法第一章第九条明确规定，水流等自然资源属于国家所有，禁止任何组织或者个人用任何手段侵占或者破坏自然资源。《中华人民共和国水法》第一章第三条明确规定，水资源属于国家所有，水资源的所有权由国务院代表国家行使；国家鼓励单位和个人依法开发、利用水资源，并保护其合法权益，开发、利用水资源的单位和个人有依法保护水资源的义务。上述规定表明，国家对水资源拥有产权，任何单位和个人开发利用水资源，即是水资源使用权的转让，需要支付一定的费用，这是国家对水资源所有权的体现，这些费用也正是水资源开发利用过程中所有权及其所包含的其他一些权力（使用权等）的转让的体现。

3. 劳动价值

水资源价值中的劳动价值主要是指水资源所有者为了在水资源开发利用和交易中处于有利地位，需要通过水文监测、水资源规划和水资源保护等手段，对其拥有的水资源的数量和质量进行调查和管理，这些投入的劳动和资金，必然使得水资源价值中拥有一部分劳动价值。

水资源价值中的劳动价值是区分天然水资源价值和已开发水资源价值的重要标志，若水资源价值中含有劳动价值，则称其为已开发的水资源，反之，称其为尚未开发的水资源。尚未开发的水资源同样具有稀缺性和资源产权形成的价值。

水资源价值的内涵包括稀缺性、资源产权和劳动价值三个方面。对于不同水资源类型来讲，水资源的价值所包含的内容会有所差异，比如对水资源丰富程度不同的地区来说，水资源稀缺性体现的价值就会不同。

（三）水资源价值定价方法

水资源价值的定价方法包括影子价格法、市场定价法、补偿价格法、机会成本法、供求定价法、级差收益法和生产价格法等，下面简要介绍影子价格法、市场定价法、补偿价格法、机会成本法等方法。

1. 影子价格法

影子价格法是通过自然资源对生产和劳务所带来收益的边际贡献来确定其影子价格，然后参照影子价格将其乘以某个价格系数来确定自然资源的实际价格。

2. 市场定价法

市场定价法是用自然资源产品的市场价格减去自然资源产品的单位成本，从而得到自然资源的价值。市场定价法适用于市场发育完全的条件。

3. 补偿价格法

补偿价格法是把人工投入增强自然资源再生、恢复和更新能力的耗费作为补偿费用来确定自然资源价值定价的方法。

4. 机会成本法

机会成本法是按自然资源使用过程中的社会效益及其关系，将失去的使用机会所创造的最大收益作为该资源被选用的机会成本。

二、水价

（一）水价的概念与构成

水价是指水资源使用者使用单位水资源所付出的价格。

水价应该包括商品水的全部成本。水价的构成概括起来应该包括资源水价、工程水价和环境水价。目前多数发达国家都在实行这种机制。资源水价、工程水价和环境水价的内涵如下。

1. 资源水价

资源水价即水资源价值或水资源费，是水资源的稀缺性、产权在经济上的实现形式。资源水价包括对水资源耗费的补偿；对水生态（如取水或调水引起的水生态变化）影响的补偿；为加强对短缺水资源的保护，促进技术开发，还应包括促进节水、保护水资源和海水淡化技术进步的投入。

2. 工程水价

工程水价是指通过具体的或抽象的物化劳动把资源水变成产品水，进入市场成为商品水所花费的代价，包括工程费（勘测、设计和施工等）、服务费（包括运行、经营、管理维护和修理等）和资本费（利息和折旧等）的代价。

3. 环境水价

环境水价是指经过使用的水体排出用户范围后污染了他人或公共的水环境，为污染治理和水环境保护所需要的代价。

资源水价作为取得水权的成本，受到需水结构和数量、供水结构和数量、用水效率和效益等因素的影响，在时间和空间上不断变化。工程水价和环境水价主要受取水工程和治污工程的成本影响，通常变化不大。

（二）水价制定原则

制定科学合理的水价，对加强水资源管理、促进节约用水和保障水资源可持续利用等具有重要意义。制定水价时应遵循以下四个原则。

1. 公平性和平等性原则

水资源是人类生存和社会发展的物质基础，而且水资源具有公共性的特点，任何人都享有用水的权利，水价的制定必须保证所有人都能公平和平等地享受用水的权利，此外，水价的制定还要考虑行业、地区以及城乡之间的差别。

2. 高效配置原则

水资源是稀缺资源，水价的制定必须重视水资源的高效配置，以发挥水资源的最大效益。

3. 成本回收原则

成本回收原则是指水资源的供给价格不应小于水资源的成本价格。成本回收原则是保证水经营单位正常运行、促进水投资单位投资积极性的一个重要举措。

4. 可持续发展原则

水资源的可持续利用是人类社会可持续发展的基础，水价的制定，必须有利于水资源的可持续利用，因此，合理的水价应包含水资源开发利用的外部成本（如排污费或污水处理费等）。

（三）水价实施种类

水价实施种类有单一计量水价、固定收费、二部制水价、季节水价、基本生活水价、阶梯式水价、水质水价、用途分类水价、峰谷水价、地下水保护价和浮动水价等。

第五节 水资源管理信息系统

一、信息化与信息化技术

（一）信息化

信息化是指培养、发展以计算机为主的智能化工具为代表的新生产力，并使之造福于社会的历史过程。

（二）信息化技术

信息化技术是以计算机为核心，包括网络、通信、3S 技术、遥测、数据库、多媒体等技术的综合。

二、水资源管理信息化的必要性

水资源管理是一项涉及面广、信息量大和内容复杂的系统工程，水资源管理决策要科学、合理、及时和准确。水资源管理信息化的必要性包括以下几个方面。

第一，水资源管理是一项复杂的水事行为，需要收集、储存和处理大量的水资源系统信息，信息化技术在水资源管理中的应用，能够实现水资源信息系统管理的目标。

第二，远距离水信息的快速传输，以及水资源管理各个业务数据的共享也需要现代网络或无线传输技术。

第三，复杂的系统分析也离不开信息化技术的支撑，它需要对大量的信息进行及时和可靠的分析，特别是对于一些突发事件的实时处理，如洪水问题，需要现代信息技术做出及时的决策。

第四，对水资源管理进行实时的远程控制管理等也需要信息化技术的支撑。

三、水资源管理信息系统

（一）水资源管理信息系统的概念

水资源管理信息系统是传统水资源管理方法与系统论、信息论、控制论和计算机技术的完美结合，它具有规范化、实时化和最优化管理的特点，是水资源管理水平的一个飞跃。

（二）水资源管理信息系统的结构

为了实现水资源管理信息系统的主要工作，水资源管理信息系统一般由数据库、模型库和人机交互系统三部分组成。

（三）水资源管理信息系统的建设

1. 建设目标

水资源管理信息系统建设的具体目标：实时、准确地完成各类信息的收集、处理和存储；建立和开发水资源管理系统所需的各类数据库；建立适用于可持续发展目标下的水资源管理模型库；建立自动分析模块和人机交互系统；具有水资源管理方案提取及分析功能；能够实现远距离信息传输功能。

2. 建设原则

水资源管理信息系统是一项规模强大、结构复杂、功能强、涉及面广、建设周期长的系统工程。为实现水资源管理信息系统的建设目标，水资源管理信息系统建设过程中应遵循以下八个原则。

实用性原则：系统各项功能的设计和开发必须紧密结合实际，能够运用于生产过程中，最大限度地满足水资源管理部门的业务需求。

先进性原则：系统在技术上要具有先进性（包括软硬件和网络环境等的先进性），确保系统具有较强的生命力、高效的数据处理与分析等能力。

简捷性原则：系统使用对象并非全都是计算机专业人员，故系统表现形式要简单直观、操作简便、界面友好、窗口清晰。

标准化原则：系统要强调结构化、模块化、标准化，特别是接口要标准统一，保证连接通畅，可以实现系统各模块之间、各系统之间的资源共享，保证系统的推广和应用。

灵活性原则：系统各功能模块之间能灵活实现相互转换；系统能随时为使用者提供所需的信息和动态管理决策。

开放性原则：系统采用开放式设计，保证系统信息不断补充和更新；具备与其他系统的数据和功能的兼容能力。

经济性原则：在保持实用性和先进性的基础上，以最小的投入获得最大的产出，如尽量选择性价比高的软硬件配置，降低数据维护成本，缩短开发周期，降低开发成本。

安全性原则：应当建立完善的系统安全防护机制，阻止非法用户的操作，保障合法用户能方便地访问数据和使用系统；系统要有足够的容错能力，保证数据的逻辑准确性和系统的可靠性。

第三章 水资源制度体系与管理规范化建设

第一节 最严格水资源管理本质要求及体系框架

一、最严格水资源管理制度的目的和基本内涵

现有的水资源管理制度存在法制不够健全，基础薄弱，管理较为粗放，措施落实不够严格，投入机制、激励机制及参与机制不够健全等问题，已经不能适应当前严峻的水资源形势。为应对严峻的水资源形势，我国正着力推进实施最严格水资源管理制度，其核心就是要划定水资源开发利用总量控制、用水效率控制和水功能区限制纳污控制三条红线。最严格水资源管理制度是我国在水资源管理领域的一次理念革命，是对水资源开发利用规律认识的集中体现，也是对传统水资源管理工作的总结升华。实行最严格水资源管理制度是保障经济社会可持续发展的重大举措，根本目的是为了全面提升我国水资源管理能力和水平，提高水资源利用效率和效益，以水资源的可持续利用保障经济社会的可持续发展。

最严格水资源管理制度提出的三条红线，其基本内涵主要有以下几点。

（一）建立水资源开发利用控制红线，严格实行用水总量控制

制订重要江河流域水量分配方案，建立流域和省、市、县三级行政区域的取用水总量控制指标体系，明确各流域、各区域地下水开采总量控制指标。严格规划管理和水资源论证，严格实施取水许可和水资源有偿使用制度，强化水资源的统一调度等。开发利用控制红线指标主要是用水总量。

（二）建立用水效率控制红线，坚决遏制用水浪费

制定区域、行业和用水产品的用水效率指标体系，改变粗放用水模式，加快推进节水型社会建设。建立国家水权制度，推进水价改革，建立健全有利于节约用水的体制和机制。强化节水监督管理，严格控制高耗水项目建设，全面实行节水项目，实施“三同时”管理，加快推进节水技术改造等。用水效率控制红线指标主要有万元工业增加值和农业灌溉水有效利用系数。

（三）建立水功能区限制纳污红线，严格控制入河排污总量

基于水体纳污能力，提出入河湖限制排污总量，作为水污染防治和污染减排工作的依据。建立水功能区达标指标体系，严格水功能区监督管理，完善水功能区监测预警监督管理制度，加强饮用水水源保护，推进水生态系统的保护与修复等。水功能区限制纳污红线指标主要指江河湖泊水功能区达标率。

二、最严格水资源管理制度的特点

最严格水资源管理制度体现出的显著特征主要有以下几个方面。

（一）强化需水管理是最严格水资源管理制度的根本要求

最严格水资源管理制度是供水管理向需水管理转变的产物，强化需水管理是其区别于传统水资源管理的主要特征。在传统的经济发展与资源利用方式下，水资源、水环境对经济社会发展的约束性日益提高。人类社会发展历史说明，随着人类文明程度的提高，环境保护意识的增强，产业结构的转型升级以及循环经济的发展，工业化中后期之后经济发展必然带来用水量的膨胀。

（二）优化顶层设计是最严格水资源管理制度的显著特征

实现水资源高效利用的核心是水资源使用者建立合理的预期成本－收益结构，而这取决于水资源利用、保护、节约、管理的制度环境。制度环境包括三个层次：一是文化和社会心理（文化层面）；二是具体制度安排（制度层面）；三是组织结构（体制层面）。文化和社会心理具有强大的惯性，难以在短期内改变；水资源管理体制一旦形成也难以迅速转变。水资源管理具体制度是制度环境建设中最能动的部分，对提高水资源管理水平具有显著的效果。管理制度的革新也有助于凝聚管理体制改革的目标，促进管理体制的进步；同时，管理水平的提高也能逐步改变社会对水资源的不合理认识，促使社会内在约束系统的形成。最严格水资源管理制度是对传统水资源管理制度的一次整合、完善、充实，强调水资源管理制度的系统性、普适性和实效性，与传统制度单一化、破碎化、局域化的特点有着本质的差别。

（三）管理手段进步是贯彻最严格水资源管理制度的微观基础

管理手段的先进与否在水资源管理中起着重要的作用。首先，管理手段的进步有助于减少传统管理中人力、物力的大量投入，降低政府管理水资源的成本；其次，管理手段的

进步能大大提高水资源管理的效率，从而为水资源管理范围的扩展创造条件；最后，管理手段的进步有助于推动管理理念和管理制度的革新，进而为管理的深化打下基础。如取水计量手段的进步能改变传统计量中人员的大量投入，提高用水管理的准确性和效率，同时也会推动“精细管理”理念的形成，进而为取用水管理制度的创新提供新平台。最严格水资源管理制度要求监管的广度和深度都大大提高，必然要以管理手段的进步为基础，先进可靠的管理手段是制度实施的微观基础。

（四）科学监测评估体系是最严格水资源管理制度的基本保障

建立严格的目标责任制，通过监督考核的形式把水资源工作纳入政府重要议事日程，是最严格水资源管理制度贯彻实施的重要抓手。而监测评估体系是监督考核的科学基础，需要针对国家规定的指标体系形成一整套监测评估规范体系，包括监测体系的总体架构、监测点位的选择、监测评估的方式方法，从而保证监测评估能及时反映制度实施的成果，保障考核结果的公正性和权威性。

三、最严格水资源管理制度的内容框架

最严格水资源管理制度下的水资源管理规范化建设的内容主要包括水资源的机构建设、水资源配置管理、水资源节约管理、水资源保护管理、城乡水务管理、水资源费征收与使用管理、支撑能力建设及保障机制建设等方面。

第二节 水资源管理规范化的制度体系建设

一、水资源管理制度框架

近年来，国家层面相继颁布或修订了《中华人民共和国水法》《取水许可和水资源费征收管理条例》《黄河水量调度条例》《水文条例》等法律法规，并相继出台了《水资源费征收使用管理办法》《取水许可管理办法》《水量分配暂行办法》《入河排污口监督管理办法》《建设项目水资源论证管理办法》等规章制度，已经初步形成了水资源管理制度的基本框架。但现有的水资源管理制度法规还不够健全，需进一步完善。此外，地方性的配套法规政策相对较为欠缺，为了更好地落实最严格水资源管理制度，还需要对现有水资源管理工作制度及其主要关系进行梳理，形成更为清晰的工作体系。

公共制水企业具有“取用分离”的特征，而现有制度框架只能对直接从江河湖泊（库）取水的项目进行管理。公共制水企业覆盖一个区域而非终端用水户，其水资源论证工作只能对用水效率进行简单的分析，对取水量进行管理，而无法对管网终端用水户的用水效率进行有效监管。

在水资源管理制度体系中，节水工程、管理队伍、信息系统及经费保证作为基础保障工作也需要建立相应的建设标准和规章制度。

二、制度体系规范化建设内容

在明确水资源管理基本制度框架的基础上，为了确保国家确立的水资源管理制度要求得到有效落实，各级水资源管理部门需要积极推动出台相应的规章制度。根据我国水资源“两层、五级”管理的工作格局与各个层级所承担的职责，提出了制度体系规范化建设工作内容。

（一）五级水资源管理机构职责及制度规范化建设侧重点

第一，水利部的工作职责主要是解决水资源管理工作中遇到的全国共性问题。根据水资源管理形势发展需要，需对水资源管理部门、社会各主体及有关部门的工作职责与法律责任进行重新界定，水利部应积极做好前期工作与法规建设建议，以完善现有的水资源管理法规体系，也为地方出台下位法与配套规章制度提供条件。同时，水利部还要做好各级水资源管理机构工作职责与管理权限的划分、各层级之间的基本工作制度、宏观水资源管控等方面的配套规章制度建设工作。

第二，流域管理机构工作职责主要包括承担流域宏观资源配置规则制定与监督管理、省级交界断面水质水量的监督管理、代部行使的水利部具体工作职责。因此，流域机构制度体系规范化建设工作的重点是加强流域宏观水资源管理与省际交界地区水资源水质管理方面的配套规定与操作规范。代部行使的工作职责需由水利部来制定，流域层面仅能出台具体工作流程规定。

第三，省级层面职责主要是根据中央总体工作要求，根据地方水资源特点解决和布置开展全省层面的水资源管理问题。由于水资源所具有的区域差异特点，省级相关法规建设任务较重，省级水资源管理部门要积极做好有关配套立法的前期工作。省级管理机构还要做好宏观水资源管控，重要共性工作的规范、指导、促进，对下监督管理考核等方面的配套规章制度建设工作。省级机构还要开展部分重点监管对象的直管工作，需要制定相关配套规定。总体来看，省级机构以宏观管理为主，微观管理为辅。

第四，市级层面职责包括对市域范围内水资源宏观配置与保护规则制定与监督管理，同时，在直管地域范围内行使水资源一线监督管理职能，宏观管理与微观管理并重。因此，制度体系规范化建设工作既要出台上级相关法律法规的配套规定，又要出台本区域宏观资源监督管理的有关规定，还要出台一线监督管理的工作规范。

第五，县级层面职责是承担水资源管理与保护的一线监督管理职能，是水资源管理体系中主要实施直接管理的机构。因此，制度体系规范化建设上要对所有水资源一线管理职能制定相应的工作规范规程，同时对重要水资源法律法规出台相应的配套实施规定。

（二）当前各级应配套出台的规定规范

1. 关于实施最严格水资源管理制度的配套文件

实施最严格水资源管理制度已上升为我国水资源管理工作的基本立场，也是各级政府与水资源管理机构开展水资源管理工作的基本要求。因此，各级党委或政府要根据“中央一号文件”要求专门出台配套实施意见，作为本地开展水资源管理工作的基本依据。

2.《中华人民共和国水法》与《取水许可与水资源论证条例》的配套规定

它们是确立我国水资源管理制度框架的基本大法，是各地开展水资源管理工作的基本法律依据。因此，各级水资源管理机构应推动地方出台相应的配套规定。省级应出台的配套规定包括《水法实施办法》《水资源管理条例》《水资源费征收管理办法》《水资源费征收标准》；市县应出台《中华人民共和国水法》《取水许可与水资源论证条例》的实施意见。

3. 间接管理需要出台的规定规范

间接管理是水资源管理工作的重要组成部分，是促进直接管理工作的重要抓手，主要由流域、省、市承担。我国市级管理机构的工作职责和权限地区差异很大，同时相应的制度建设内容也较轻，因此，仅需要对流域和省出台的配套规定予以规范。流域和省均需出台的配套规定包括《取水许可权限规定》《取水户日常监督管理办法》《省界（市界、县界）交接断面水质控制目标及监督管理办法》《水功能区监督管理办法》《入河排污口监督管理办法》。省需要出台的配套规定包括《节约用水管理办法》《取水户计划用水管理办法》《取水工程或设施验收管理规定》《水功能区划》。

4. 直接管理需要出台的规定规范

直接管理是水资源管理的核心工作内容，其管理到位程度直接决定了水资源管理各项制度的落实情况，也直接关系到水资源管理工作的社会地位。水资源直接管理工作主要由县级管理机构承担，地市承担部分相对重要管理对象与直接管辖范围内管理对象的直接管理职责，流域和省承担部分重要管理对象的部分管理职责。流域、省、市、县均需出台的规定包括《取水许可证审批发放工作规程》《取水计量设施监督检查工作规定》《计划用水核定工作规定》《入河排污口审核工作规定》《日常统计工作制度》。

由于上述规定规范具有基础性，是做好水资源管理工作的基本保障，因此，应作为各级水资源管理规范化建设验收评价的必备内容。

（三）下一步应出台的规章制度

1. 非江河湖泊直接取水户的监督管理规定

随着产业分工深化以及城市化与园区化的推进，水资源利用方式上“集中取水、取用分离”的特点越发明显，自备水源取水户逐年下降。目前，建设项目水资源论证与取水许可管理制度无法覆盖这一类企业的取用水监督管理，也与最严格水资源管理制度要求突出需水管理的要求不相匹配。目前，规范这一类取用水户制度的建设方向：从完善水资源论证制度与建立节水三同时制度两个层面推进。一方面可以通过修订现有的建设项目水资源论证制度与取水许可制度，将其适用范围从“直接从江河、湖泊或者地下取用水资源的单位和个人”改为“直接或间接取用水资源的单位和个人”；另一方面也可以制定节约用水三同时制度管理规定，要求间接取用一定规模以上水资源的单位和个人要编制用水合理性论证报告，并按照水资源管理部门批复的取用水要求来开展取用水活动，并作为后期监督管理的依据。建议水利部应抓紧从这两个方面来推动此项工作，如果突破，就可实现取用水全口径的监督管理。地方水资源管理机构也应根据自身条件开展相关制度建设工作。

2. 非常规水资源利用的配套规定

国家法律明确鼓励在可行条件下利用非常规水资源，节约保护水资源。各地的实践也表明，合理利用非常规水资源能大大提高水资源的保障程度，节约优质水源的利用，实现分质用水。目前，水资源管理部门在这一方面缺乏明确的政策引导措施与强制推动措施，应尽快组织开展有关工作。规定要确立系统化推进非常规水资源利用的基本制度设计，根据现实情况采取“区域配额制与项目配额制”是可行的方向。建议在做好前期调研的基础上，在资源紧缺及非常规资源利用条件较好的地区先行试点此项制度设计，为全面推行打好基础。地方水资源管理机构可先行推动出台有关引导、鼓励与促进政策。

3. 取水许可权限与登记工作规定

取水许可是水资源宏观管理与微观管理的主要落脚点与基本依据，是水资源利用权益的证明，具有很强的严肃性，也是水资源管理工作的重要基础资料，因此，其规范开展与信息的统一在水资源管理工作中具有基础性的地位。水利部要在现有工作基础上根据审批与监管的现实可行性，对流域与省间的取水许可与后期监督管理权限及责任予以进一步细化规定。从长远来看，水利部要统一出台规定建立取水许可证登记工作制度，以解决目前取水许可总量不清、数据冲突、审批基础不实、监督管理薄弱等方面的问题，并将登记工作嵌入各级管理机构取水许可证的审批发放工作过程中，从而解决上下信息不对称的问题，近期可先选取省为单元进行试点。

4. 总量控制管理规定

要尽快研究制定总量控制管理规定，主要明确总量控制的内容（是取水许可总量、年度实际取水量或是双控）和范围（纳入总量控制的行业范围），控制监督管理的基本工作制度（如台账、抽查等），各级管理部门落实总量控制的主要制度保障与工作形式，其他政府部门承担有关责任，不同期限内突破总量的控制与惩罚措施（如区域限批、审批权上收、工作约谈、重点督导等）。在国家规定基础上，流域、省、市应逐级进行考核指标分解，并出台相应的考核规定。

上述规章规定，水资源管理工作需要进一步落实的工作内容，需要从中央层面予以推动，省级层面积极突破。在中央没有出台有关规定之前，地方可以作为探索内容，但不宜作为硬性验收要求。因此，有关制度建设内容可以作为各级水资源规范化建设工作的加分内容，并根据形势发展动态调整。

第三节 水资源管理的主要制度

一、取水许可制度

取水许可制度是水资源管理的基本制度之一。法律依据是水资源属于国家所有，体现的是水资源供给管理思想，目的是避免无序取水导致供给失衡。

取水许可制度是为了促使人们在开发和利用水资源过程中，共同遵循有计划地开发利用水资源、节约用水、保护水环境等原则。此外，实行取水许可制度，可对随意进入水资源地的行为加以制约，同时也可对不利于资源环境保护的取水和用水行为加以监控和管理。取水许可制度的主要内容应包括：①对有计划地开发和利用水资源的控制和管理；②对促进节约用水的规范和管理；③对取水和节约用水规范执行状况的监督和审查；④规范和统一水资源数据信息的统计、收集、交流和传播；⑤对取水利用水行为的奖惩体系。

取水许可制度的功能发挥，关键在于取水许可制度的科学设置，取水许可的申请、审批、检查、奖惩等程序的规范实施。

取水许可属于行政许可的一种，其目的是维护有限水资源的有序利用。许可的相对物是取水行为，包括取水规模、方式等，属于取水权的许可，而不是取水量的许可。取水权的基本含义应为在正常的自然、社会经济条件下，取水户以某种方式获取一定水资源量的权利。它包含以下几层含义：①取水权的完全实现是以自然、社会经济条件的正常为前提的，在特殊情况下，政府有权力为了保障公众利益和整体利益启动调控措施，对取水权进行临时限制；②取水权所包含的取水量是正常条件下取水户取水规模的上限；③取水权不仅仅是量的概念，还包含了取水方式、取水地点等取水行为特征；④政府依法启动调控措施时，须采取措施降低对取水户的影响，如提前进行预警、适当进行补偿等。

国内外水资源开发利用实践充分证明：提高水资源优化配置水平和效率，是提高水资源承受能力的根本途径；实施和完善取水许可制度，是提高水资源承载能力的一项基本措施。实施取水许可制度，在理论和实践上，应首先考虑自然水权和社会水权的分配问题，也就是社会水权的总量、分布与调整问题。完善取水许可制度，实质上就是加强取水权总量管理，提高水资源承载能力和优化配置效率；加强宏观用水指标总量控制和微观用水指标定额管理，促进计划用水、节约用水和水资源保护，建立水资源宏观总量控制指标体系和水资源微观定额管理指标体系，提高水资源开发利用效率。

取水许可制度是大部分国家都采用的一种制度安排。从各国的法律规定来看，用水实行较为严格的登记许可制度，除法律规定以外的各种用水活动都必须登记，并按许可证规定的方式用水。取水许可制度除了规定用水范围、方式、条件外，还规定了许可证申请、审批、发放的法定程序。

在取水许可方面，我国在《中华人民共和国水法》（以下简称《水法》）中规定，除家庭生活和零星散养、圈养畜禽等少量取水外，直接从江河、湖泊或者地下取用水资源的单位和个人，应当按照国家取水许可制度和水资源有偿使用制度的规定，向水行政主管部门或者流域管理机构申请领取取水许可证，并缴纳水资源费，取得取水权。实施取水许可制度和征收管理水资源费的具体办法，由国务院规定，国务院水行政主管部门负责全国取水许可制度和水资源有偿使用制度的具体实施。用水应当计量，并按照批准的用水计划用水。用水实行计量收费和超定额累进加价制度。

二、建设项目水资源论证制度

（一）项目成立的基础与前提

建设项目必须符合行业规划与计划；符合国家有关法规与政策（要对节水政策、宏观调控政策以及环境保护方面的政策加以特别关注）；重大建设项目必须得到有权批准部门的认可。

（二）项目取水合理性的前提

符合水资源规划，包括水资源的专业规划；符合取水总量控制方案以及政府间的协议、上级政府的裁决；以上前提必须以有效文件为准；需要工程配套供水的，应当与工程实施相衔接。

目前所遇到的困难如下：

第一，水资源规划依据不足，主要是水资源规划基本上以建设为主要内容，对水资源管理的需要考虑过少，难以作为论证的依据。

第二，水资源规划层次性不强，省级的规划常常过于具体，无法适应现在快速发展的社会的需要，导致规划与现实脱节。

（三）项目取水本身的合理性

这是传统的审查内容，主要是把握水源的供给能力，一般水利部门审查这一方面内容没有问题，有明确的规范与标准。但现在最大的问题是：规划与实际脱节，如许多水库灌区实际上已经不再依靠水库灌溉，但水利部门往往不对水库功能进行调整，导致从功能上审查，水库已经无水可供，但实际上水库水量大量闲置；还有，建设项目提出的保证率往往高于实际需要，如城市供水，按规范要求，大城市保证率要大于95%，但实际供水时保证率要求没这么高，同时真正不可或缺的生活饮用水只占城市供水的极小部分。论证单位对自己的地位把握存在问题，常常通过“技术处理”解决这一问题，这是我们审查时要注意的。

建议审查时仍然按照正式的书面依据进行把握，否则容易造成被动。

（四）项目用水的合理性

这是目前审查中较为薄弱的一块。水资源论证制度的本意，是通过这一制度，强化水行政主管部门对用水进行管理，它的内涵十分丰富，但基本上被忽略了。根据它的要求，应当审查到具体工艺、设备和流程，但实际操作中，基本没有涉及，是需要加强的一个大类。

几种用水方式：①冷却方式的选择（直流与循环冷却）、换热器效率（换热系数）、冷却塔损耗。②洗涤方式：顺流洗涤与逆流洗涤、串联洗涤与并联洗涤、多级洗涤与一次洗涤。③水的串用、回用。④设备选型。⑤工艺选型（是否可以采用无水或少水工艺——考虑其经济成本）。

一般来说，比较的方式有同等工艺比较、定额比较、总量比较等，比较深入的有对用水每个环节进行用水审查（这已到达用水审计的深度，一般目前还没有能力使用）。

（五）退水的合理性

这主要应当根据水功能区和河道纳污总量进行审查，相对比较简单。对于可以纳入污水管网的，一般要求纳入污水管网。

审查时对照有关政策与法规，并对照有关技术规范与标准。

（六）其他

在审查中要特别注意的是：

第一，要实事求是，坚决反对所谓的“技术处理”。

第二，严格按照规范操作，对于取水水量或保证率达不到要求的，要按照实际情况写明，这是对项目或业主真正的负责。

第三，不要盲目地套用建设项目的行业标准，因为建设项目是否符合其行业标准，是业主思考或解决的问题；而对审查方来说，主要是要明确其取水的合理性以及其取水是否影响其他合法取水者的权益，所以，不能盲目套用其他行业的规范，甚至搞“技术处理”。

第四，要正确理解《水法》规定的取水顺序，河网、河道等开放水域实际上不存在取水的优先顺序，因为我们目前的管理手段是无法按优先顺序管理取水的，所以只能计算实际可达的保证率。另外，城市供水的保证率是值得商榷的，因为没有必要对城市总用水量按规范规定的保证率供水，城市总用水量并不享有《水法》规定的优先权，其中的生活饮用水才享有优先权。

第五，要充分注意论证的依据问题。目前大多数论证缺乏对自己论证所依据的资料进行验证与取舍，并且常常不提供依据的证明文件，这容易造成结论的错误。

建设项目水资源论证的定位和重点如下：

建设项目水资源论证工作是改变过去“以需定供”粗放式的用水方式，向“以供定需”节约式用水方式转变过程中的一项重要工作。建设项目立项前进行水资源论证，不仅可促进水资源的高效利用和有效保护，保障水资源可持续利用，减低建设项目在建设和运行期的取水风险，保障建设项目经济和社会目标的实现，而且可通过论证，使建设项目在规划设计阶段就考虑处理好与公共资源——水的关系，同时处理好与其他竞争性用水户的关系。这样，不仅可以使建设项目顺利实施，即使今后出现水事纠纷，由于有各方的承诺和相应的补偿方案，也可以迅速解决。对于公共资源管理部门，通过论证评审工作可以使建设项目的用水需求控制在流域或区域水资源统一规划的范围内，从源头上管理节水工作，保证特殊情况下用水调控措施的有序开展，保证公共资源——水、生态和环境不受大的影响，使人与自然和谐相处。所以，建设项目的论证工作对于用水户和国家而言都十分重要，是保证水资源可持续利用的重要环节。

建设项目水资源论证的目的可归纳为：保证项目建设符合国家、区域的整体利益；从源头上防止水资源的浪费，提高用水效率；为特殊情况下政府的用水调控提供技术依据；为实现流域（区域）取水权审批的总量控制打下基础；预防取用水行为带来的社会矛盾；为取水主体提供取水风险评估和降低取水风险措施的专业咨询，以便于取水主体在项目建设前把水资源供给的风险纳入项目风险中进行考虑。

因此，落实好建设项目水资源论证制度，既服务于水资源管理，服务于公共利益，也服务于取水主体利益。为实现上述目标，建设项目水资源论证应包括以下主要内容；①建设项目是否符合国家产业政策，是否符合区域（流域）产业政策和水资源规划；②建设项目的取水量是否合理，从技术和工艺层面上分析其用水效率，做横向的对比（配套节水审批），同时对项目的用水特点进行详细分析，按照生活用水量、生产用水量（需要细分）、景观用水量等进行归类，制定出企业不同优先等级的用水量；③流域取水权剩余量是否能满足建设项目的取水权申请，取水行为、取水方式及退水对其他取水户取水权的影响及弥补措施；④利用过往水文资料评估取水户不同等级用水量的风险度，分析其对企业所带来的风险损失，在此基础上，设计降低企业用水风险的对应措施；⑤优化建设项目水资源论证程序。

受经济利益的影响，水资源论证资质单位缺乏技术咨询机构的独立性，往往成为业主单位利益的代言人。出现这种现象的深层次原因是，建设单位往往把水资源论证视为项目建设的门槛，而没有认识到取水风险是项目建设、运行所必须面对的主要风险之一。而这背后的原因又是项目建成后的用水往往很少按照论证报告去严格执行，在突破取水权的情况下受到的惩罚较小，以致企业漠视取水风险。因此，解决这个问题必须加强对取水户的取水监控，加大超许可取水的惩罚力度。在此基础上，加强论证单位资质管理，提高水资源论证资质单位的职业道德。对项目报告质量多次达不到要求的，要降低资质等级，直至撤销论证资质。对论证报告进行咨询分析属于政府行使行政审批职能的一部分，其费用应纳入政府的行政经费预算中，不应由业主单位负责。政府部门则可通过打包招标的方式，确定每年建设项目水资源论证报告的咨询单位，提高报告咨询质量。目前的水资源论证内容和方式不适应水资源管理工作的深入开展。应加强水资源论证负责人和编制人员的培训，明确各资质单位开展水资源论证的主要目的，改变现有水资源论证基本套路，从而更好地为水资源管理服务。

三、计划用水制度

（一）计划用水的前提或理论依据

理论上讲，计划用水是一种有效提高水资源利用效率的手段。计划用水有两种假设：一是由于水价受到种种因素的制约，节约用水在经济上并不划算或者收益较小，使得人们节水的动力不足；二是受到水源供水能力的制约，政府不可能提供足够的水量满足所有用户的需求，为此不得不采取按可供能力分配的手段，从而实现供需的平衡。第一种情况是普遍的，用户在使用资源时，必然会进行经济上的比较。一般认为价格与需求量成反比，只要提高价格就能起到节约用水的效果，这是受到微观经济学供需平衡曲线的影响。实际上，经济学研究证明，价格与需求是否成反比还决定于弹性，只有富有弹性的商品，这种关系才成立。对于弹性较差的商品，这种关系并不成立，或者关系并不明显。对于刚性商品，这种关系完全不存在。其实，对于一个企业来说，它使用的资源较多，而决定企业成本的并不是每种资源的价格，而是各种资源的总费用。一种资源价格尽管高，但如果其使用量不大，那么其总费用较低，在这种情况下，价格对节约起的作用是微乎其微的。另一种情况是由于水是一种较易取得的资源，而且是一种用途极其广泛的资源，其价格不可能太高，而且远远无法达到企业的成本敏感区，因此为了促进节约用水，从而采取了行政干预的手段，即下达用水计划，强制企业节约用水。以上的论述，从理论上讲是正确的。

（二）计划用水制度的困难

计划用水制度的操作性存在问题，影响了它的适用范围。首先，用水的计划如何制订，一般认为计划用水可以依靠用水定额科学地制订，从而核定每一用户的合理用水总量。然而，这种方法存在一个最大的问题，那就是如何科学地核定用水定额。我国已成为世界制造业大国，产品种类繁多，不胜枚举，任何的定额必然不可能穷尽所有的产品，从而使得这一做法存在着天然的漏洞。其次，任何一种产品的定额制定都需要一定的周期，而在产品更新如此快的时代，一种产品定额尚未制定出来，产品就已经更新的可能性非常大，无法跟上产品的变化节奏。最后，使用产品定额核定企业用水总量，必须全面掌握企业产品生产的计划与过程，但这不仅牵涉商业机密问题，而且就是使用也需要巨大的工作量，牵涉到巨大的行政管理力量。计划用水应当适用于较小范围的，相对单纯的，或者说共通性较强的产品，它不适合全面推行。

四、节水“三同时”制度

《水法》及其配套法规明确了节约用水的“三同时”制度，明确了建设项目的节约用水设施必须与主体工程同时设计、同时建设、同时投入使用，从而在工程建设上避免了重主体工程、轻节水设施的问题，保证了建设项目节水工作的到位。

从目前情况来看，节水“三同时”制度执行情况并不理想，各级水行政主管部门并未对建设项目的节水设施进行有效管理。

当前节水“三同时”制度执行较差的原因是：首先，缺乏相关的配套制度。由于建设项目用水情况的复杂性，对建设项目节水设施的管理也较为复杂，导致管理部门无力进行实质性的管理。其次，节水设施实际上与用水设施难以绝对区分。针对某一具体项目如不对其用水工艺、设备进行实质性审查，很难确定其用水是否合理，或者说是否符合节水要求。再次，目前采用的节水管理相关的技术规范难以对建设项目用水效率进行实际的、有效的控制，目前常用的用水定额标准就存在着产品种类较多、生产工艺复杂、定额标准难以有效覆盖等问题，即使已经制定的定额也因标准浮动幅度过大，难以对其用水水平进行法律上的有效控制。最后，目前节水“三同时”制度还缺乏相应的管理标准，对如何保证同时设计、同时施工、同时投入使用还缺乏相应的具体规定，导致这一制度并未得到有效实施。

五、水资源有偿使用制度

水资源有偿使用制度是水资源管理的基本制度之一，是国家对水资源宏观调控的重要手段，而不是为了体现水资源的国家所有。它的内涵不仅仅是水资源费，还可以有其他有偿使用制度或规定，是调控水价的重要手段，在一定意义上，它有资源税的含义。在资源紧缺地区，它可以相应采用较高的标准，在资源丰富的地区，它可以采用较低的标准，甚至不需要缴纳费用。人们可以采取不同的行业政策，对限制行业采用较高的标准，对鼓励行业采用低费率或零费率，甚至是负费率政策。水资源有偿使用制度的合理运用，是水资源部门配置的强大市场手段。

第四节 管理流程的标准化建设

在水资源管理规范化建设的制度框架体系下，对于水资源管理的管理流程进行标准化设计也是水资源规范化建设的内在需求，是依法执行的重要前提，在此对水资源管理的工作流程和水资源保护的工作流程进行了设计，具体如下。

一、水资源管理的标准化流程建设

水资源管理制度的目标是：建立制度完备、运行高效，与经济社会发展相适应、与生态环境保护相协调的水资源管理体系，进一步完善和细化水量分配、水资源论证、水资源有偿使用、超计划加价、计划用水、用水定额管理、水功能区管理、饮用水水源区保护等国家法律、法规、规章已明确的各项管理制度。在对水资源管理体制框架进行整体综合设计的基础上，本节将明确规范化建设组成制度及相应的制度内容，对在水资源规范化管理制度框架下的核心管理制度的规范化工作流程进行梳理，从而克服目标不一致、信息不对称、行动效率低下等问题。

（一）水源地管理

加强供水水源地管理，是提高公共健康水平，保障经济社会又好又快发展的重要措施。其管理内容包括：

第一，供水水源地基本信息管理：要求水源地主管部门将供水区域、人口等有关基础信息按规定要求录入管理系统，掌握其水源地基本情况。

第二，供水水源地水质安全影响因素管理：开展对水土流失、农田分布、居民点分布等潜在污染因素的调查，并将有关调查结果输入数据库，并形成相应的GIS图件，为分析与管理提供基础。

第三，来水水量、水质管理：对水源地的降雨量、主要河流的流量进行监测，对来水水质进行定期监测，以掌握水源地水量水质变化情况。

第四，水源地安全评估：在调查分析实时污染因子和水质情况的基础上，对水源的安全情况和变化的趋势进行定期的综合评估，发现水源地保护中存在的不足和薄弱环节。饮用水水源地安全评估必须着重考虑五个方面因素：一是水量、水质安全达标情况；二是保护措施是否满足保障水源安全的要求；三是水源地安全要求与受水区域经济社会发展之间是否协调；四是以发展的观点分析水源安全措施是否适应社会对饮用水水质不断提高的要求；五是水源地的开发和规划是否符合水源地安全的要求。

第五，根据安全评估结果，结合现实要求，制定相应的水源地保护管理目标，并制定相应的保护规划。

第六，根据规划要求，对需要采取工程措施保护的水源地制定水源地保护工程实施方案，同时研究制定水源地保护长效管理制度。

第七，工程实施管理：对采取工程保护措施的水源地，需要进行工程实施进度管理，以保障工程的顺利推进。

第八，长效管理制度主要包括：

①危险品监管制度：对进入库区和在库区产生的（包括产品中间体）国家危险化学品名录中的化学物质实行登记与核销制度，进行全过程监控；对库区危险化学品运输实行准运制度，明确运输时段、运输方式、运输路线，并明确安全保障条件和应急措施。

②排污口管理制度：要求对水源地保护区范围内现有的排污口进行登记，同时，按法律法规和保护规划要求严禁新设排污口，并提出对现有排污口的整治措施。

③污染源管理制度：要求对库区内污染点源进行登记，对新增污染源需进行申报并严格按照保护规划要求进行审批。

④水源地保洁制度：水库水源地要建立覆盖库区主要河流和水库水面的水域保洁制度，建立"综合考核、分工协作、专业养护、人人参与"的保洁工作机制。由水利部门牵头组织对水库水源地水域保洁工作进行监督管理和综合考核；水库管理机构、乡镇、村按照各自的职责负责做好相应水域的保洁工作；在具备条件的地区要积极引入竞争机制，落实专业保洁队伍，用市场化方法开展水库水源地水域保洁工作。

⑤水源地巡查举报制度：要强化对库区水源地情况的动态监管，建立基本的巡查制度，明确巡查内容、巡查方式方法、巡查次数、巡查纪律、巡查责任、巡查的报告程序和时限等内容，确保做到发现问题及时上报、及时处理。针对水库水源地人口经济的实际情况，标出重点区域的位置和易发生污染水源的重点区域，落实具体巡查责任人。每个水库水源地都要建立专门的举报电话，也可建立网上举报渠道，同时要建立有奖举报机制。

水源地长效管理制度正处于不断地探索与完善过程中，其需求也随着管理的深入不断拓展。

第九，实施效果评估：将定期对水源地保护规划实施情况进行评估，及时发现水源保护中存在的薄弱环节和管理上的漏洞，以促进水源地保护工程的持续改进。将实施效果评估的结果反馈到水源安全评估环节，作为保护规划修编和改进的主要依据。

（二）地下水管理

随着地表水源替代工程的建设和地下水禁限采工作的推进，地下水资源将主要发挥事故应急备用、抗旱用水的功能。而加强地下水资源的管理是地下水禁限采工作顺利推进的重要保障，也是发挥其应急备用功能的工作基础。其业务工作内容包括：

第一，地下水调查与评价：对全省地下水资源及其开发利用情况进行调查评价，掌握地下水资源的分布区域、地下水水质类型、不同类型地下水的开发利用量、地下水开采井的空间分布、地下水降落漏斗分布区等基本信息。

第二，提出地下水保护目标：根据地下水调查评价的结论，结合水资源开发利用的整体部署，分区域制定地下水保护目标。在平原承压区，明确将承压地下水资源定位为应急备用和战略备用水源；在河谷浅水区，原则上将地下水作为应急备用和抗旱用水；在红层水分布区，也应逐步控制地下水开采，最终将其作为应急备用水源。

第三，划定地下水禁限采区域：根据区域地下水调查评价的结果，结合区域地下水保护目标，分阶段提出地下水开采调整规划，并划定相应的禁采区与限采区。

第四，地下水监测站网管理：根据地下水管理的需要，不断补充完善地下水水位、水质监测站网的布设，并对监测设施进行相应的改造，同时制定地下水站网布设的技术要求和管理规范，为地下水站网的动态管理打下基础。

第五，地下水应急取水井管理：结合禁限采工作，改造一批地下水开采井，以满足未来应急取水的要求。制定地下水应急取水井布设的技术规范，同时，制定调整应急取水井的管理规定。根据制定的相关规定，对地下水应急取水井的名录、地理位置、取水能力、水质等基本内容进行管理。

第六，地下水封井进度管理：根据禁限采目标，制定年度封井指标，并对其实施情况进行动态监督。

第七，定期开展地下水水位水质监测：根据管理要求，制定相应的地下水水质水位监测规范，定期对地下水水质水位进行监测，同时对部分重要站点探索开展自动监测。

第八，管理效果评估：在综合分析地下水水位水质监测、地下水禁限采开展情况、应急备用井管理、监测站网管理等工作的基础上，开展地下水管理效果评估，相关结果作为调整地下水保护目标、完善地下水管理制度的重要依据。

（三）计划用水与节约用水管理

计划用水与节约用水管理主要包括节约用水法规政策管理、用水定额制定和使用管理、行政区域年度取水总量管理、取水户取水计划管理、节水“三同时”管理。

第一，节约用水法规政策管理：在梳理现有节约用水法规政策体系的基础上，提出完善节约用水法规政策体系的建议，逐步形成有利于节约用水工作开展的体制机制，同时要加大现有法规政策的执行力度。

第二，用水定额制定和使用管理：建立用水定额动态调整的工作机制，根据经济发展的特点，选择一批有实力的龙头企业，牵头开展其对应领域的产品用水定额编制。水行政主管部门对其提出的用水定额修订方案进行分析、论证和审查，成熟的方案纳入省级用水定额标准，从而提高用水定额的实用性。同时，对定额使用过程中出现的问题和修改建议及时进行整理，以进一步提高定额制定的科学性。

第三，行政区域年度取水总量管理：根据水资源管理的实际情况，行政区域年度取水总量计划可以分为"指令性计划"和"指导性计划"两类进行管理，其相应的管理对象和范围将随着水资源管理基础工作的加强逐步进行调整。本年度制定下一年度的区域年度取水总量控制计划；在执行过程中要对计划执行情况进行通报，及时预警，并按有关规定，要求地方采取相应的措施；年终要对上一年度计划执行情况进行评估，以利于计划制订工作的持续改进。

第四，取水户取水计划管理：各市县根据上级下达的区域年度取水总量，制订区域内取水户的年度取水计划。对超计划取水的取水户实行超计划累进加价征收水资源费；对要求调整计划的取水户，取水户提出计划调整申请，并说明调整的理由和要求，原计划下达机关将综合考虑有关因素进行审批。水行政主管部门对取水户取水计划执行情况及时进行预警。同时，取水户要对年度取水计划执行情况进行总结，并报水行政主管部门。

第五，节水"三同时"管理：对于新增自备水源取水项目，将相关的节水设计、施工和运行要求，融入建设项目水资源论证和取水许可审批管理流程中，一并开展管理。对于已有取水项目，将通过节水评估、计划用水、水平衡测试等机制和技术措施，开展节水"三同时"管理工作。对管网取水户将探索开展节水"三同时"备案或审批工作。

（四）取用水管理制度和内容及管理流程

取水许可管理主要完成取水许可的审批工作，主要工作内容如下：

第一，实现对取水许可的审批和管理；

第二，输出许可、处罚、批准通知书等文件；

第三，建立取水许可数据库，对取水单位信息、水环境影响等建库，在必要时，对取水许可证进行核定；

第四，每年对取水单位的取水量、取水执行情况等进行汇总，形成报表上报，并辅助制订区域取水计划安排。

（五）水资源费征收管理制度及管理流程

水资源费的征收及使用管理工作主要包括三部分工作内容：一是对取水户的征费及缴费管理；二是对省、市、县三级水资源费结报管理；三是水资源费支出管理。

1. 对取水户的征费及缴费管理

水资源费征收主体为各级水行政主管部门。具体征收机构较为复杂，大致有以下几种情况：一为各地水政监察机构；二为各地水资源管理机构；三为各地水行政主管部门财务管理机构。

各地水资源费征收程序一般为：首先，现场抄录取水量数据并要求取水户签字认可或从电力部门获取水电发电量数据；其次，根据双方认可的取水量（发电量）和收费标准核算水资源费并发送缴款通知书；最后，用水户按缴款通知书要求缴纳水资源费。近年来，有些地方在缴费方式上开展了“银行同城托收”，方便了取水户缴纳水资源费。

2. 对省、市、县三级水资源费结报管理

水行政主管部门一年开展两次全省水资源费结报，并开具缴款通知书；各省、市、县持缴款通知书向同级财政提出上划申请；同级财政审核后及时将分成款划入省、市水资源费专户。根据规定，水资源费省、市、县分成比例为 20% ：20% ：60%。结报形式为“集中结报与分散结报相结合”，既提高工作效率又能及时发现地方水资源费征管中存在的问题。对应缴水资源费进行统计与结算，并建立相应的催缴制度，可保障水资源费的及时上划。

3. 水资源费支出管理

水资源费均实行收支两条线管理。省级水资源费使用由省水行政主管部门编制预算，经省财政审核和省人大批准后执行。根据省财政厅的统一规定，省各市县与省级水资源费使用方式一致，执行收支两条线管理。大多数市县能将水资源费主要用于水资源的节约、保护和管理，但也有部分市县未能严格按照规定执行到位。省水资源费征管机构对各地水资源费使用情况进行统计，不定期开展监督检查，及时督促各地纠正水资源费使用中不合规定的行为。

4. 水资源费征收标准的制定

根据国家资源税费改革的有关政策，结合水资源的实际情况，加强与发展改革委、物价局等有关部门的沟通协调，建立水资源费征收标准调整机制，促进水资源的可持续利用。

5. 水资源费征收工作考核

根据各地实际取水量和发电量，核定各地足额征收水资源费应收缴的水资源费金额，对比各省市县实际收缴金额，可核算得到各地水资源费的征收率。水资源费征收率的结果将作为水资源费征收工作考核的重要指标。

地方各级水行政主管部门水资源管理机构，应当加强水资源费征收力度，提高水资源费到位率，严禁协议收费、包干收费等不规范行为。严格水资源费征收程序，在水资源费征收各个环节，按规定下达缴费通知书、催缴通知书、处罚告知书、处罚决定书。水资源费缴费通知书、催缴通知书、处罚告知书、处罚决定书文书式样由省级水资源管理机构统一制定，以规范水资源费征收管理。凡征收水资源费使用“一般缴款书”的，水资源费征收单位应当按时到入库银行核对各有关单位水资源缴纳情况，对未能按时缴纳水资源费的单位，即时按规定程序进行追缴。凡征收水资源使用专用票据的，票据应当由省财政部门统一印制，由省级水行政主管部门统一发放、登记，并收回票据存根，防止征收的水资源费截留、挪用和乱收费等违法行为发生。各地应当按照规定的分成比例，及时将本级征收的水资源费交上级财政，核算水资源费征收工作成本，建立水资源费征收工作经费保障制度。

（六）取水许可监督管理制度及管理流程

取水许可监督管理机关除了应当对取水单位的取水、排水、计量设施运行及退水水质达标等情况加强日常监督检查，对取水单位的用水水平定期进行考核，发现问题及时纠正外，还应当在每年年底前，对取用水户的取水计划执行、水资源费征缴、取水台账记录、退水、节水、水资源保护措施落实等情况进行一次全面监督检查，编制取水许可年度监督检查工作总结，并逐级报上级水资源管理机构。

全面实施计量用水管理，纳入取水许可管理的所有非农业取用水单位，一级计量设施计量率应达到100%；逐年提高农业用水户用水计量率。建立计量设施年度检定制度和取水计量定时抄表制度，取水许可监督管理部门除对少数用水量较小的取水户每两个月抄表一次外，其他取水单位应当每月抄表。抄表员抄表时应当与取水单位水管人员现场核实，相互签字认定，并将抄表记录录入管理档案卡。应建立上级对下级年度督查制度，强化取水许可层级管理。

（七）档案管理制度及工作内容

各级水资源管理机构应当规范水资源资料档案管理工作，设立专用档案室，由具备档案专业知识的人员负责应进档案室资料的收集、管理和提供利用工作。建立健全各项档案工作制度，严格档案销毁、移交和保密等档案管理的各项工作程序和管理规定，应当归档的文件材料及时移交档案管理人员归档。取水许可、入河排污口审批及登记资料实施分户建档，内容包括申请、审批、年度计量水量、年度监督检查情况以及水资源费缴纳等各项资料。建立水资源管理资料统计制度，对水资源管理各项工作内容分类制定一整套内部管理统计表，如取水许可申请受理登记表、取水许可证换发登记表、计量设施安装登记表、用水户用水记录登记表等，实现档案管理的有序化和规范化。

二、水资源保护的标准化流程建设

水资源保护工作也是水资源规范化管理的重要组成部分，并且水资源保护工作又与水环境保护工作密不可分，某种程度上，也存在相互交叉。从工作制度看，水资源保护工作更多是从宏观层面提出限排要求，同时开展水功能区水质监测，以保障水资源的可持续利用，而微观层面的污染源监管职责则由环境保护主管部门承担。各级水资源管理部门要深入研究最严格水资源管理制度关于水生态环境保护的要求，并将相关职能之外的工作任务分解至环保部门，同时，也要积极开展相关基础工作，打造保护载体，凸显水资源保护工作的特色。

水行政主管部门进行水资源保护所需要开展的主要工作如下。

（一）排污口审核管理制度

入河排污口管理是与水功能区管理工作紧密联系的，是实现水功能区保护目标的重要制度保障。入河排污口管理的目的是进一步规范排污口的设置，使其符合水功能区划、水资源保护规划、涉河建设项目管理和防洪规划的要求。具体工作内容如下：

第一，排污口调查登记：对现有入河排污口进行调查登记工作，摸清全省现有入河排污口的分布、排污规模、污染物构成等基础信息。

第二，制定排污口整治目标：根据水功能区管理的目标要求，限制排污总量的要求，制定各功能区、各行政区域、各流域的排污口综合整治目标。

第三，排污口整治工程：为了完成排污口整治目标，制定规划，提出所需上马的排污口整治工程，对有关排污口进行截污纳管，并建设相应的管道和污水处理设施。

第四，新增排污口审批管理：根据功能区限制排污管理办法的要求，在新增排污口必要性和合理性审查的基础上，把新增排污口纳入审批管理。主要审查新增排污是否符合功能区限制排污要求、排污规模是否合理、排污入河是否必要、排污是否影响工程安全和防洪安全、排污是否影响第三方利益等。

第五，排污口基础信息管理：对排污口调查登记获得的基础信息进行管理，同时根据排污口整治和新增排污口审批情况，对排污口基础信息进行动态更新。

第六，排污口整治工程进度管理：对排污口整治工程的实施进度进行动态管理，并将有关信息及时反馈给相关管理部门，以利于排污口管理目标的顺利实现。

各级水行政主管部门应完成限制排污总量年度分解，并分解落实，全面加强以水功能区为单元的监督管理，开展入河排污口季度调查工作，为入河排污口的年报公报建立基础数据支撑，组织河流入河排污口布设规划编制工作，为功能区管理提供依据。对新增、改扩建的排污口流程建立严格的审核管理流程，规范相关行为。

（二）水功能区生态保护与监测制度及管理流程

水功能区管理的工作内容包括水功能区基本信息管理、水功能区纳污能力核定、限制排污总量管理、水功能区水质监测、水功能区达标率考核管理等内容，是一个相互支撑、相互联系的整体。

第一，水功能区基本信息管理：对水功能区的类型、所处区域（流域）、地理位置、编号等水功能区基础信息进行全面的管理，根据实际的变化进行动态修正。

第二，水功能区纳污能力核定：根据相应的技术规程，结合水功能区净化能力的实际情况，委托专业技术机构对全省各个水功能区的纳污能力进行核定，为水功能区的管理奠定基础。

第三，限制排污总量管理：对各功能区的现状排污情况进行全面调查，并结合水功能区纳污能力核定结果，提出相应的限制排污总量技术报告。以技术报告为基础，结合现实情况，通过行政协调与决策提出全省限制排污总量控制方案，同时制定相应的限制排污总量管理办法，使现状已突破纳污能力的水功能区排污总量逐步得到削减，使现状尚未达到纳污能力的水功能区新增排污量控制在确定的范围内。

第四，水功能区水质监测：为了及时掌握水功能区的水质情况，充分发挥水域作用，要制定水功能区水质监测站网布设的技术要求和规定；在国家规定监测指标的基础上，结合水功能区水质实际情况，增加部分监测指标，定期开展监测。监测结果作为排污口审批、水功能区管理考核的重要技术依据。

第五，水功能区达标率的考核管理：根据水功能区水质现状，结合限制排污总量管理办法，制定水功能区达标率考核管理的办法和标准，并根据水功能区水质监测结果，对各市县的水功能区达标率进行年度考核。

水功能区的水生态保护是水环境保护发展的必然趋势，因此，建立水功能区生态保护与监测制度，加强水功能区的水生态监测、保护水功能区水质环境，既是水利部门践行生态文明的具体举措之一，也是最严格水资源管理制度的组成部分。各级水行政主管部门要编制年度水生态系统保护与修复规划，并将任务分级逐级下达。此外对重要的河流、水域要开展水生态监测工作，编制年度水功能区水质监测计划，并提出完成率指标，为水生态保护工作打好基础。

（三）水生态系统保护与修复管理

水生态系统保护与修复管理包括水生态系统基本信息管理；水生态保护与修复动态信息管理；保护与修复工程信息管理；保护与修复评估以及体系建设管理；保护与修复保障措施管理；保护与修复管理试点工作管理等。以下简要介绍前四项内容。

1. 水生态系统基本信息管理

包括水域及滨岸带的水生动物、浮游生物、沉水植物、鸟类、植被的名录及其种群构成情况，水生态系统的生物分布情况、水生态系统的胁迫因子及其来源等。

2. 水生态保护与修复动态信息管理

对已启动和规划启动的水生态保护与修复工作进行动态信息管理，及时掌握相关工作的开展进度，为相关政策的制定奠定基础。

3. 保护与修复工程信息管理

对保护与修复工作的实时进度和完成情况进行管理，以保障相关工程的如期完成。对已建成保护与修复工程的运行情况和长效管理情况进行管理，指导地方开展工作，及时总结地方工程建设运行经验。

4. 保护与修复评估以及体系建设管理

选取水生态系统的指示物种等关键性指标，对其进行长期动态监测，并以此为基础对保护与修复工作进行全面评估，以利于保护工作的持续改进。同时，要加强水生态评估与监测体系的建设，加大对基层的培训力度，将行之有效的监测与评估手段进行推广。

（四）水资源应急管理

水资源应急管理是突发灾害事件时的水资源管理工作，综合利用水资源信息采集与传输的应急机制、数据存储的备份机制和监控中心的安全机制，针对不同类型突发事件提出相应的应急响应方案和处置措施，最大限度地保证供水安全。突发灾害事件包括重大水污染事件、重大工程事件、重大自然灾害（如雨雪冰冻、地震、海啸、台风等）以及重大人为灾害事件等。

1. 应急信息服务

对各种紧急状况应急监测的信息进行接收处理、实况综合监视与预警、统计分析等，以积极应对各种突发状况和事故。

2. 应急预案管理

按照处理的出险类型，如运行险情、工程安全险情、水质突发污染事故，以及特殊供水需求时的应急调度等类型分门别类，对应急事件的发生、告警、方案制订、执行监督和实际效果等全过程进行档案管理，提供操作简单的应急预案调用等功能。

3. 应急调度

根据实时采集信息，判断事件类别，参考应急预案，提出应急响应参考方案，选定应急响应方案，将应急响应方案作为调度的边界条件，生成调度方案。应急调度包括运行险情应急调度方案编制、工程安全应急调度方案编制、水质应急调度方案编制和特殊需水要求下的应急调度方案编制等功能。

4. 应急会商

通过会议形式，以群体（包括会商决策人员、决策辅助人员以及其他相关人员）会商的方式，从所做出的应急方案中，协调各方甚至牺牲局部保护整体利益，进行群体决策，选择出满意的应急响应方案并付诸实施。

第五节 管理流程的关键节点规范化及支撑技术

一、关键管理节点支撑技术框架及内容

目前在水资源关键管理节点的监管技术上存在一系列问题，包括信息化程度低、监管技术手段薄弱、设备与条件较为落后等。由于缺乏必要的设备与技术支持导致监控手段略显单一，监管频率也较低，另外由于监管设备、技术与规范等的不对称可能导致采集到的信息也不对称，大大降低了工作效率。因此，对于这些关键的管理流程节点中使用的监管技术有必要建立一个技术标准，对这些关键的管理节点进行规范化指导，从而提高工作效率和工作精确的程度，达到事半功倍的效果。

以水资源取、用、排管理作为整体考虑，针对取水许可、建设项目论证、用水总量控制、入河排污管理、水功能区水质监测等水资源管理的关键流程中监管技术所使用到的设施、装备、工具及信息系统等技术建立起标准化的支撑技术框架。

在水资源保护管理方面，对于排污口要安装计量设施，对企业的排放总量进行监控，对于排放的水需通过安装自动化的水质监控设备判断水质是否经过处理后才能排放。通过开展水源地的绿色评价，对水源地的生态环境提出统一的要求，并通过生态监测进行水功能区水质的定期检测，通过安装实施自动水质监测设施对水质安全建立预警制度，树立水质监测点，安排警示牌。

二、水资源管理信息系统

采用信息化手段是进行水资源一体化管理的重要前提，水资源业务管理服务于供水管理、用水管理、水资源保护、水资源统计管理等各项日常业务处理，主要包括水源地管理、地下水管理、水资源论证管理、取水许可管理、水资源费征收使用管理、计划用水和节约用水管理、水功能区管理、入河排污口管理、水生态系统保护与修复管理、水资源规划管理、水资源信息统计等业务内容。实现以上业务处理过程的电子化、网络化，使之具有快速汇总、准确统计、科学分析、便捷查询、及时上报、美观打印等功能，可以提高业务人员工作效率，构建协同工作的环境。

三、条形码技术应用于取水管理

将每个取水用户的取水许可证与该用户的取水信息进行绑定，把条形码管理手段在物品管理中的应用办法用于取水许可证的管理。每个取水许可证与唯一的二维条形码相对应，条形码可连接数据库信息，通过扫描取水许可证条形码，可获得该取水许可证所对应的取水用户信息、取水许可证号、取水许可证状态、取水许可证有效期、年取水量信息、取水量历史信息、取水口信息、排污口信息等。

对于取水口、排污口和取水许可证可通过二维条码进行编码，并将编码信息打印在取水许可证上，并建立在取水口和排污口附近。在实际监督检测中对企业是否合法取水、许可取水与实际是否一致、排污是否许可等行为进行监督检查时可以通过 CCD 阅读器直接对二维码进行扫描，通过 GPRS 网络获取数据库数据进行比对，提高监管效率和准确性。

四、水质水量信息自动采集系统

在水资源管理中对企业取、排水的日常监督管理通常通过对企业的取水口和排污口进行定期检测实现，其中取水量和排污量通过安装计量设施（流量计）来分析统计，排污口的水质分析通过定期对排污口水质进行检测来分析企业排出的污水是否经过处理并达到一定的标准。

但目前存在的主要问题有取排水计量设施安装率低、质量不过关并且老化现象严重，采集数据非实时，由此造成了基础数据不准确，这也导致出现了计量管理制度不完善、计量管理工作不到位的现象。水质检测频率较低，企业偷排污水现象时有发生，对周边群众的生产生活造成了较大的影响，从而导致周边群众与企业关系紧张，上访事件时有发生，甚至屡见于新闻媒体。因此有必要采用新的技术对此项工作进行创新性的变革。这里可以采用通信、计算机信息系统、采集器和分析器来组建一个水质分析及信息采集传输系统，从而对取水量、排污量、排污口水质进行动态的实时检测，第一时间掌握企业的取排水行为。

五、水源地绿色评估技术

饮用水质量是公众健康的基本保障，高质量的饮用水是健康生活的重要基础。随着时代的发展和社会的进步，公众的环境意识、生态意识、健康意识也不断提高，生态、绿色观念已为广大公众所接受，广大公众对水源地水质的要求也不断提高。因此，保障水源地水质安全、进一步提高饮用水质量，是切实落实科学发展观、进一步促进我国社会经济快速发展的前提与基本要求。

为此，需要通过推行水源地绿色评估技术来加强供水水源地管理。绿色水源地是指遵循可持续发展原则，对水源地从集雨区到库区、从水质评价到生态系统健康开展全面评价，在自然环境、生态系统、人类活动三个方面确保水源地源水的安全、健康、优质，并经水行政主管部门认定后的水源地。

六、水功能区生态监测及安全预警

上述水源地绿色评估技术从水源的可获得性及可供应量、水源的生产过程及人类活动的影响、生态系统健康及其可持续性三方面展开评价，主要目的是规划和引导对水源地的保护。水生态相对来说比水源地的概念小，并且关注的是水体本身，水生态相关的问题包括水体污染及面积减少、湿地退化、河道断流、水体污染加剧、地下水位持续下降等。对水生态进行监测是指为了解、分析、评价水循环系统中的生态状况而进行的监测工作，它是水生态保护和修复的基础和前期工作。

（一）水功能区生态监测内容

对水功能区开展生态监测主要围绕物理化学分析指标、生物学分析指标、生态学分析指标三大类开展，具体内容如下。

物理化学分析指标包括水文分析指标、地表水分析指标、底质指标。具体为：水文分析指标包括水位、流量；地表水分析指标包含 pH 值、酸碱度、电导率、色度、悬浮物、浊度、余氯、二氧化碳、溶解氧、石油类、阴离子表面活性剂、阳离子表面活性剂、非离子性表面活性剂、硫化物、总氰化物、高锰酸盐指数、化学需氧量、生化需氧量、氨氮、硝酸盐氮、亚硝酸盐氮、总氮、有机氯农药、有机磷农药、游离氰化物、酚、叶绿素 a、汞、镉、铜、铅、总铬、六价铬、钙、总硬度、镁、氟化物、氯化物、总磷、硒、硫酸盐、硅酸盐；底质指标包含总镉、总砷、总铜、总铅、总铬、总锌、总镍、六六六、滴滴涕、pH 值、阳离子交换量等。

生物学分析指标包括微生物分析指标、水生生物种类与数量、水生生物现存量、生物体污染物残留量指标。其中微生物分析指标包括细菌总数、大肠菌总数、粪大肠菌群、粪链球菌群、沙门氏菌等；水生生物种类与数量包括浮游植物种类与数量、浮游动物种类与数量、底栖动物种类与数量、水生维管植物种类和数量、鱼类种类和数量等；水生生物现存量包括浮游植物生物量、浮游动物生物量、底栖动物生物量等。

生态学分析指标包括气温、水温、有效光合辐射强度、水体透明度、水体初级生产力、浮游植物物种多样性、浮游动物物种多样性、底栖动物物种多样性等。

（二）水功能区生态监测技术标准

这里可取生物体污染物残留指标作为对水质开展评价的基准指标，不同的水体可以在此基础上进行相应的扩充。水体中的污染物经过物理吸附、生物吸收、摄食、转化等可以进入生物体内，对生物产生危害，从而影响到生态系统的健康。通过对生物体内污染物残留进行监测，可以反映水体污染状况，同时也可以反映水体污染物对生物体的污染危害程度。进行生物体污染物残留监测的指标物质主要包括铜、砷、汞、镉、铬、铅、氰化物、挥发酚、有机氯农药、有机磷农药、多氯联苯类、多环芳烃类。

生物体污染物残留监测的生物包括贝类和鱼类，可以采用人工取样的方法。对于获取水域需建立安全警示牌进行提示，并加强在不同时间获取样品的可比性。样本需采用专用车送中心分析化验，具体监测分析方法包括平板法、多管发酵法或滤膜法、显微鉴定计数法、采泥器法和鉴定法、捕获分类统计法、重量法或显微测量计算法等。

第六节　基础保证体系的规范化建设

水资源管理的基础保障体系主要包括经费保障、装备保障、设施保障和信息化保障四个方面。

一、经费保障

目前，我国各地水资源管理机构的办公条件普遍比较简陋，基础设施薄弱，加大资金投入是加强水资源管理部门设施建设的关键。各级水行政主管部门应当拓宽水资源管理工作经费渠道，落实水资源配置、节约、保护和管理等各项水资源管理工作专项工作经费，建立较完善的水资源工作经费保障制度，保障各项水资源管理工作顺利开展。水资源管理工作经费可以参照国土资源局工作经费保障方法，即以县为主，分组负担，省市补贴。省厅可积极争取省级财政的支持，扶持补贴的重点放在经济条件欠发达的地区。各地要积极协调市、县级财政从水资源收益中安排一定比例的资金，用于水资源管理机构基础设施建设。应通过各级水行政主管部门的共同努力，力争使水资源管理机构硬件设施达到有办公场所，有交通、通信工具，改善办公条件，优化工作环境。有条件的地方可加大社会融资力度。亦可参照农业行政规范化建设工作经费保障方法，即省厅每年安排相应的经费，并采取省厅补一点、地方财政拿一点和市、县水行政主管部门自筹一点的办法，分期分批有重点地扶持配备相应的水资源管理设施，改善办公条件，提高管理能力。或者可参照环保部环保机构和队伍规范化建设的方法，在定编、定员的基础上，各级水资源管理机构的人员经费（包括基本工资、补助工资、职工福利费、住房公积金和社会保障费等）和专项经费，要全额纳入各级财政的年度经费预算。各级财政结合本地区的实际情况，对水资源管理机构正常运转所需经费予以必要保障。水资源管理机构编制内人员经费开支标准按当地人事、财政部门有关规定执行。各级财政部门对水资源管理机构开展的水资源的配置、节约、保护所需公用经费给予重点保障。

二、装备保障

各地应完善水资源管理机构的办公设施，根据基层水资源管理机构的工作性质和职责，改善办公条件，加强自身监督管理能力建设。各水资源管理机构应尽快配齐交通工具、通信工具和电脑网络等设备，实现现代化办公，切实提高工作效率。各级水资源管理机构、节约用水办公室和水资源管理事业单位应根据至少 10 平方米 / 人的标准设置办公场所，并配备相应的专用档案资料室；为改善工作环境，办公场所应配置空调；应结合当地的经济状况和管理范围、人员规模、工作任务情况，根据实际工作需求，配置工作（交通）车辆，在配备工作、生产（交通）车辆的同时，须制定相关的车辆使用、维护保养规章制度，使车辆发挥最大效益；应配备必要的现代办公设备，主要包括微型计算机、打印机、投影仪、扫描仪等；应配备传真机、数码相机等记录设备；应根据相关专业要求配备 GPS 定位仪、便携式流量仪、水质分析仪、勘测箱等专用测试仪器、设备，选用仪器适用工作任务需满足精度和可靠度的要求、装备基础保障的配置要求。

三、设施保障

各地应建设与水资源信息化管理相配套的主要水域重点闸站水位、流量、取水大户取水量、重点入河排污口污水排放量、水质监测等数据自动采集和传输设施，配备信息化管理网络平台建设所需要的相关设备。应根据水功能区和地下水管理需要，在水文部门设立水文站网的基础上，增设必要的地下水水位、水质、水功能区和入河排污口水质监测站网。有条件的地区，水资源管理机构应当设立化验室，对水功能区和入河排污口进行定时取样化验，以提高水资源保护监控力度。

四、信息化保障

伴随着经济发展与科学技术的进步，各地势必要加强水资源管理工作中的信息管理建设并采用先进的信息技术手段。信息化已经深刻改变着人类生存、生活、生产的方式。信息化正在成为当今世界发展的最新潮流。水资源信息化是实现水资源开发和管理现代化的重要途径，而实现信息化的关键途径则是数字化，即实现水资源数字化管理。水资源数字化管理就是利用现代信息技术管理水资源，提高水资源管理的效率。数字河流湖泊、工程仿真模拟、遥感监测、决策支持系统等是水资源数字化管理的重要内容。为了有效提高水资源管理机构利用信息化手段强化社会管理与公共服务，各地水资源管理机构必须具备必需的信息化基础设施，包括相应的网络环境与硬件设备保障。

第四章　水环境规划技术方法

第一节　水环境承载力分析

一、水环境容量

（一）基本概念

水环境容量是指在保持水功能用途的前提下，在一定的水质目标下，所容许承纳的污染物的最大数量。水环境容量是水环境系统的一个客观属性，同时也是水环境系统与外界物质能量交换及自我调节能力的表现，体现了水环境与人类社会经济发展活动的紧密联系。

（二）基本特征

水环境容量的基本属性包括资源性、时空性、系统性和动态发展性。

1. 资源性

水环境容量是一种资源，具有自然属性和社会属性。水环境容量的自然属性是使其与人类社会密切相关的基础；其社会属性表现为社会和经济的发展对水体的影响及人类对水环境目标的要求，是水环境容量的主要影响因素。

2. 时空性

水环境容量具有明显的时空内涵。空间内涵体现在不同区域社会经济发展水平、人口规模及水资源总量、生态、环境等方面的差异，使水资源总量相同时不同区域的水体在相同时间段上的水环境容量并不相同。时间内涵表现在同一水体在不同时间段的水环境容量是变化着的，同时水质环境目标、经济及技术水平等在不同时间可能存在差异，从而导致水环境容量不同。由于各区域在水文条件、经济、人口等因素上的差异，不同区域在不同时段对污染物的净化能力存在差异，这导致水环境容量具有明显的地域和时间差异特征。

3. 系统性

水环境是一个复杂多变的复合体，水环境容量的大小除受水生态系统和人类活动的影响外还取决于社会发展需求的环境目标。因此，对其进行研究，不应仅仅限制于水环境容量本身，还应将其与经济、社会、环境等看作一个整体进行系统化研究。此外，河流、湖泊等水体一般处在大的流域系统中，水域与陆域、上游与下游等构成不同尺度的空间生态系统，在确定局部水体的水环境容量时，必须从流域的整体角度出发，合理协调流域内各水域水体的水环境容量，以期实现水环境容量资源的合理分配。

4. 动态发展性

影响水环境容量的因素既包括水文、气象、气候、地理特征等自然条件（内部因素），也包括社会经济、环境目标、科学技术水平等诸多社会因素（外部因素）。水环境容量不但反映流域的自然属性，同时也反映人类对环境的需求（水质目标）。水环境容量随着水资源情况的变化和人们环境需求的提高而不断发生变化。

二、容量－控制单元划分

（一）划分原则

1. 水系特征与行政区边界有机结合原则

流域与行政区域有机结合，既体现流域统一管理原则，保障流域长期的水环境保护需求；同时体现区域的分散管理和有限目标、有限任务原则，保证水环境管理措施的具体执行，实现区域和流域的水环境协调统一。

2. 完整性与唯一性原则

分区划线的目的是建立行政区－水体－水质断面的对应关系，使水域与陆域连成一片，因而必须保证流域与行政区的完整性，在流域范围内既不能出现空白，也不能重复出现；同时尽可能不打破县级行政区的权属界限，基本保持县级行政区的完整性。

3. 以水定陆原则

水污染防治规划分区是要建立水陆对应的面状区域，以自然水系作为陆域划分的基准，根据自然汇水特征确定陆域汇流范围，综合考虑社会经济发展、水环境主要问题、水污染、区域污染防治重点和方向等方面的区域性特征和状况，形成水陆结合单元。

4. 可操作性原则

考虑现有国控、省控等水环境质量监测河流断面（湖泊点位）或水质自动监测站点，分区划界方案要实用可行，有利于强化落实责任，确保便于行政区域内管理和跨行政区相互监督。

5. 层次推进原则

按照流域、控制区、控制单元三个层次进行水污染防治规划分区，适应各级环境管理部门水污染防治决策的需要，便于各级环境管理部门指导经济社会的发展和水环境的保护。

（二）划分方法

1. 空间叠图法

以水资源分区图、行政区划图为基础，通过空间叠置，以行政区界作为划定界限的主要依据（必要时根据环境管理需求进行调整和修正），确定分区。

2. 顺序划分法（又称“自上而下”法）

以空间异质性为基础，按区域内差异最小、区域间差异最大以及区域共轭性划分最高层次分区，然后依次逐级向下划分。

3. 合并法（又称“自下而上”法）

以空间水环境特征相似性为基础，按区域间相对一致性和共轭性依次向上合并。

三、水环境容量核算步骤

通常情况下，水环境的环境容量计算可以按照以下步骤进行：

第一，基础资料调查与评价。包括调查与评价水域水文资料（流速、流量、水位、体积等）和水域水质资料（多项污染因子的浓度值），同时收集水域内的排污口资料（废水排放量与污染物浓度）、支流资料（支流水量与污染物浓度）、取水口资料（取水量、取水方式）、污染源资料（排污量、排污去向与排放方式）等，并进行数据一致性分析，形成数据库。

第二，水域概化。将天然水域（河流、湖泊水库）概化成计算水域，例如，天然河道可概化成顺直河道，复杂的河道地形可进行简化处理，非稳态水流可简化为稳态水流等。水域概化的结果，就是能够利用简单的数学模型来描述水质变化规律。同时，支流、排污口、取水口等影响水环境的因素也要进行相应概化。若排污口距离较近，则可把多个排污口简化成集中的排污口。

第三，选择控制点或边界。根据水环境功能区划和水域内的水质敏感点位置分析，确定水质控制断面的位置和浓度控制标准。对于包含污染混合区的环境问题，则需根据环境管理的要求确定污染混合区的控制边界。

第四，建立水质模型。根据实际情况选择建立零维、一维或二维水质模型，在进行各类数据资料的一致性分析的基础上，确定模型所需的各项参数。

第五，容量计算分析。应用设计水文条件和上下游水质限制条件进行水质模型计算，选择合适的容量计算方法确定水域的水环境容量，并进一步扣除非点源污染影响部分，得出实际环境管理可利用的水环境容量。

第六，基于水环境容量的总量减排任务分配。依据水环境容量核算成果和水质要求，将总量减排任务在流域和控制单元内进行分配。流域层次的污染负荷分配是将污染物排放总量分配到独立的行政区或水系等，主要是用于区域污染控制目标的制定，具有明确的管理意义，但没有具体的实施意义；而控制单元内总量则需要分配到各种具体污染源，其具有明确的实施意义。控制单元内总量分配又包含非点源和点源之间的负荷分配以及点源之间的负荷分配。

四、环境现状分析

（一）水质现状

水质现状的分析主要包括两个角度：时间序列和空间序列。在时间序列上，对地市水域进行水质监测，根据断面信息及位置设置监测点位。监测断面信息主要包括断面名称、经纬度、断面属性以及所属河流；断面的监测指标主要有水环境状况、主要污染物浓度、生化需氧量。根据断面监测结果，分析监测年限内地市水环境状况的变化情况、主要污染物浓度变化情况以及生化需氧量变化趋势。在空间序列上，对水质状况的分析不仅要监测主要流域水质，还要对所包含的支流、湖库的水质情况进行监测分析，这样才能全面地了解和掌握所研究地市的水质情况。

（二）涉水污染源排放现状

涉水污染源主要有工业、生活和农业三个方面。工业涉水污染源排放包括涉水污染物排放企业情况及分布。对涉水污染物排放企业分布情况的分析有利于对排污口情况及污水排放情况的分析，主要分析指标为企业排水量、排放口位置、排污口分布位置、排入水体、排污口性质及入河方式。工业污染源的数据可根据地市每年环境统计资料及各县市生态环境局对流域内工业企业排污统计上报的结果获得。

生活涉水污染源排放情况包括按人口及人均污染物排放系数测算所得的污染物排放量，污水处理厂的建设情况、运行情况、管网密度及出水情况，具体指标为污水处理能力、负荷率、污水处理指标标准、出水浓度及水量。其中部分数据可参考相关统计数据或文件要求。

五、环境负债表

（一）环境容量负债表基本概念

环境负债的定义为对已经损耗、破坏的自然环境的一种补偿而产生的应由社会承担的通过资产或者资本等方面所支付的现有现时义务。

资产负债表是反映主体在某一特定日期全部资产、负债和所有者权益情况的会计报表，它表明主体在某一特定日期所拥有或控制的经济资源、所承担的现有义务和所有者对净资产的要求权。参考国民经济资产负债表的概念和编制方法，定义环境负债表为在绿色国民经济核算体系中，对区域所研究的特定时期（半年、一年）的环境容量、环境质量、资源存量以及存量变化的核算。环境资产负债存量的核算是对一国（政府）一定时点上所拥有的环境资产的规模和构成的核算，环境资产负债流量核算是指对两个时点间环境资产负债之变动的核算，侧重于变动原因的分类核算。本书仅考虑通过实物计量形式计量环境负债的情况。

（二）水环境容量资产负债表的构建

关于环境资产负债核算体系，国际上尚没有一个非常成熟的、具有高度可操作性的制度范式，各国研究和实践所着重的领域、所采用的方法也很不统一，还有许多问题没有得到解决。水环境容量资产负债表由于同时涉及对水环境容量资产的流量和存量数据进行列报，单张报表不能够满足要求。同时，水环境容量资产负债表是围绕“生态环境状况统计核算、生态环境审计与考核”目的的一套报表体系。水环境容量资产负债报表需实现水环境容量与质量核算数据管理和分析的集约化，并展现数据间的相互关系。因此，本书提供的水环境容量负债表体系包括水环境容量负债核心账户表和支撑核心账户的水环境容量特征分析扩展表，以从水文、水质、总量排放条件和水环境管理要求等方面全面反映流域控制单元水环境容量资源禀赋和容量资产的耗用、剩余情况。

水环境容量负债核心账户表包括核算理想环境容量、点源和非点源入河负荷总量、环境容量、现状实际容量负债情况等主要项目，以反映一定时间段内以及自然原因或人为经济活动因素造成的流域控制单元水环境容量资产动态变化量。

水环境容量特征分析扩展表包括水环境质量表、水文水资源特征表、水环境污染负荷总量排放表、水环境容量动态分析表和水环境容量资产价值表等，从水文条件、排放条件、监测点位水质状况、水环境容量资产动态原因分析，以及水环境容量评价的水环境容量—质量货币化价值等角度对水环境容量负债情况进行更加详尽的描述。

第二节 水资源承载力解析

一、水资源承载力定义

水资源承载力（WRCC）是指在一定社会经济条件和一定状态下水资源系统可以承载的人类活动程度和方式的量化指标，在这些指标所允许的范围和程度之内的人类经济发展活动作用下，水资源系统结构组合特征、功能状态不会发生质的变化，这是水资源具有承载力的内在原因；由于相关指标在量上是有限度的，所以某一指标消耗过大（如地下水超采）就会影响水资源系统的整体结构水平，进而导致功能失常。

综上所述，本书对水资源承载力的理解为：某一地区的水资源在某一具体历史发展阶段下，以可预见的技术、经济和社会发展水平为依据，以可持续发展为原则，以维护生态环境良性循环发展为条件，经过合理优化配置，对该地区社会经济发展的最大支撑能力。

二、研究思路及指标体系构建

（一）研究思路

在具体研究中，首先，构建指标体系。依据指标体系构建及指标项选取原则，结合对地市社会经济、资源环境、技术管理等系统主要矛盾的分析，参照联合国社会发展研究所及国内相关文献，遴选指标，建立水资源承载力的指标体系。其次，使用专家打分法和层次分析法对各具体指标进行赋权。

（二）指标体系构建

1. 指标体系构建原则

水资源承载力研究涉及经济、社会、资源环境、技术和管理等多个领域，是一个典型的多指标决策、评价问题。关于地市水资源承载力指标的筛选须遵循下述原则。

（1）完整性原则

即指标体系尽可能全面地反映研究地市水资源 – 社会经济系统的实际状况。

（2）可操作性原则

即指标概念明确、数据易测易得，可操作性强。

（3）可比性原则

即指标具有时间和空间上的可比性，以更好地反映水资源承载力在时空上的状况及其变化态势。

2. 指标体系构建

针对地市水资源的特点，全面分析地市水资源承载力受区域水资源开发利用强度，人口与生活质量，产业布局、规模、结构与管理，农业等多个方面的综合影响，并在此基础上参照全国水资源供需分析中的指标体系和其他水资源评价指标体系及标准。

3. 水资源承载力指标

（1）社会与经济类指标 $B_1=\{C_1, C_2, C_3, C_4\}$，$C_1 \sim C_4$ 都是反映研究地区社会发展、经济效益与水资源的重要指标。

式中，C_1 为城镇化率，计算公式：城镇化率 = 城镇总人口数 / 总人口数 ×100%。通常城镇化率越高的地区，人均用水定额、人均生活排污量越大，水资源承载力则相对越小。

C_2 为人均日生活用水量，计算公式：人均日生活用水量 =（居民家庭用水量 + 公共服务用水量）/（用水人口 × 天数），指用水人口平均每天的生活用水量。随着城市经济的发展和城市居民生活水平的不断提高以及人民居住条件、卫生条件的不断改善，城市居民日常生活用水量和市政设施的用水量也不断提高。城市人均日生活用水量的多少，从一个侧面反映出城市居民生活水平及卫生、环境质量，但是从城市水资源可持续利用的角度来看，不是用水量越高越好。

C_3 为人均 GDP，计算公式：人均 GDP= 城市年国内生产总值（GDP）/ 城市总人口。人均 GDP 是目前国际上通用的衡量一个国家或地区综合经济实力的指标。它是按人口平均的一个国家或地区在一定时期内所生产的最终产品与劳务总价值的货币量度。

C_4 为第三产业产值占 GDP 比重，计算公式：第三产业产值占 GDP 比重 = 第三产业产值 / 城市国内生产总值 ×100%。产业结构比例与水资源利用存在着密切的关系。第三产业的发展，具有高产出、高就业、低消耗、低污染的特点，加强第三产业的发展，可以减少污废水的排放量，达到经济发展与节约用水的目的。

（2）资源与环境类指标

$B_2=\{C_5, C_6, C_7, C_8\}$，可以采用国际上通用的衡量水资源压力及水资源开发利用情况的指标，反映研究地区的水资源环境状况。

式中，C_5 为产水系数，计算公式：产水系数 = 城市水资源量 / 城市年降水量，属于发展类指标。产水系数反映气候环境变化引起的水资源变化大小，其值小于 1。

C_6 为水资源开发利用程度，计算公式：水资源开发利用程度 = 年取用的淡水资源总量/可获得的淡水资源总量 ×100%。当水资源开发利用程度小于10%时为低水资源压力；当水资源开发利用程度大于10%、小于20%时为中低水资源压力；当水资源开发利用程度大于20%、小于40%时为中高水资源压力；当水资源开发利用程度大于40%时为高水资源压力。

C_7 为人均水资源量，计算公式：人均水资源量 = 自产水资源量 / 总人口。人均可重复使用的淡水资源总量为1 000 t，是水资源“数量压力”指数的临界标志。

C_8 为水资源供需比，计算公式：水资源供需比 = 水资源可供水量 / 需水量。水资源供需比可以反映出一个地区水资源的供需矛盾。故在不同时期可供水量与实际需水量是可变的，供需关系可能出现三种情况：供大于需，说明可利用的水资源尚有一定潜力；供等于需，是较理想的供需状态，说明水资源的开发程度适应现阶段的生产、生活需要；供小于需，说明水资源短缺，需立即采取开源节流等措施，以缓解供需矛盾。取供需平衡即水资源供需比1为评价标准。

（3）技术与管理类指标

B_3={C_9，C_{10}，C_{11}，C_{12}，C_{13}）

式中，C_9 为万元工业增加值用水量，计算公式：万元工业增加值用水量 = 工业用水量 / 工业增加值。其可以反映地市生产技术水平和工业对水环境索取的强度，万元工业增加值的用水量越高，则单位水资源创造出的效益就越低。

C_{10} 为单位GDP用水量，计算公式：单位GDP用水量 = 城市年总用水量 / 城市年国内生产总值（GDP），它可以反映地市经济发展对水资源的索取强度，与地区产业结构、科技水平及生产力关系密切。

C_{11} 为农业灌溉亩均用水量，计算公式：农业灌溉亩均用水量 = 农田灌溉用水量 / 农田灌溉面积（单位：亩）。

C_{12} 为再生水利用率，计算公式：再生水利用率 = 污水再生利用量 / 污水排放量。

C_{13} 为工业用水重复利用率，计算公式：工业用水重复利用率 = 重复利用水量 /（生产用水量 + 重复利用水量）× 100%。它是宏观上评价城市用水水平及节水水平的重要指标。提高重复利用率是城市节约用水的主要途径之一。

三、研究方法

（一）压力 – 状态 – 响应模型（PSR 模型）

水资源是城市发展的基础性和战略性资源，它具有生产要素和生活要素的双重特征，因此，水资源承载力的研究涉及水资源系统、社会经济系统和生态环境系统，而 PSR 模型能够较好地反映三者的关系。

本研究从三个层次构建 PSR 模型：第一个层次，分析自然系统在不同社会发展阶段有多少水资源量才能够在维持人类经济社会发展需要的同时，不影响或破坏与其紧密相关的生态环境系统，从而维持后代人的持续发展；第二个层次，分析水资源承载力的表述指标随着水资源配置方案不同和使用效率的不同而产生的差异；第三个层次，进一步明确作为承载客体的经济社会及生态环境系统在不同承载标准下水资源承载力指标的变化情况。基于城市人口、社会经济发展现状，以及水资源开发利用和生态环境中存在的问题，结合国际上通用的构建评价指标体系的原则和方法，综合考虑城市社会经济发展的实际，在 PSR 模型框架基础上构建了水资源承载力指标体系，包括压力、状态和响应指标，每类指标都包含社会经济、水资源、生态环境指标。压力指标用以表征造成发展不可持续的人类活动和消费模式或经济系统，回答“为什么会发生如此变化”的问题；状态指标用以表征可持续发展过程中的系统状态，回答城市“发生了什么样的变化”的问题；响应指标用以表征人类为促进可持续发展进程所采取的对策，回答“应该做什么”的问题。

（二）指标综合评价法

这种方法通过综合人口、经济、社会、生态等系统中水资源的相关指标及其相互之间的相对重要程度，用一个综合指数来表征城市现状或某种状态下的水资源承载力，主要有指标综合评价法、模糊综合评价法、主成分分析法等。

当承载度等于 1 时，承载状况恰好满足水资源承载力；当承载度小于 1 时，承载状况在水资源承载力之内；当承载度大于 1 时，承载状况超出了水资源承载力。水资源承载度偏离 1 的正值越大，说明承载状况超出水资源承载力越多。

（三）层次分析法

层次分析法（AHP）是通过整理和综合专家们的经验判断，将分散的咨询意见模型化、集中化和数量化的一种数据分析方法。其基本原理是将需要识别的复杂问题分解成若干层次，由专家和决策者对所列指标通过两两比较重要程度而逐层判断评分，利用计算判断矩阵的特征向量确定下层指标对上层指标的贡献程度，从而得到基层指标对总目标而言重要性的排列结果。

（四）系统动力学方法

系统动力学（SD）方法是一种定性与定量相结合，系统化、分析、综合、推理相集成的方法，并配有专门的 DYNAMO 软件，为模型仿真、政策模拟等带来很大方便，可以较好地把握系统的各种反馈关系，适合于具有高阶次、非线性、多重反馈、机理复杂和具有时变特征的系统问题，是研究大系统运动规律的理想方法。

SD 模型是应用系统动力学原理，采用反馈模拟技术将经济－资源－环境纳入复杂大系统，从系统整体协调的角度来对区域资源承载力进行动态模拟计算，在国内得到了广泛的应用。但用该方法对长期发展情况进行模拟时，由于参变量难以掌握，易导致不合理的结论，因而系统动力学大多应用于中短期发展情况的模拟。

四、构建基于水质的城市水资源承载力的评价指标体系

根据指标体系构建及指标项选取原则，鉴别不同地域城市水资源系统与环境、社会、经济等系统的矛盾，采用城市水资源公报、城市统计年鉴、环境统计公报等可获取的数据资料，建立城市水资源承载力的指标体系。指标体系基本包括城市社会人口类指标、经济类指标、资源类指标、环境类指标、技术管理类指标及综合类指标等方面。

第三节　水环境系统格局解析与红线体系构建

水环境系统格局主要立足于中长期水环境保护目标，加强调建立水环境空间管控体系，着重对结构性、格局性等重大问题提出对策和要求，并兼顾一般性的水污染防治内容。城市水环境红线划分体系是基于区域水环境自然属性和功能，在空间范围上划定严格的最小保护范围，并设置限制开发的缓冲地带，引导城市建设与产业发展合理布局。

一、技术路线

统筹流域水系与行政区边界，划分控制单元，将其作为落实水污染防治目标任务、提升精细化管理水平的基本空间单元；开展污染源、入河排污口、水体水质等构成的水环境调查、评估和问题识别；以环境质量改善为主线，充分考虑可达性和必要性，制定控制单元水质目标，设计保护和改善水质的主要任务及针对性重大工程，支撑本地区水质目标实现；以系统治理为理念，提出多方合力推进水环境保护的机制政策。

二、主要内容

（一）地表水水系污染源特征分析

1. 水质分析

分析近年来地市不同区域总体水质及主要污染指标的变化情况，识别水质存在不达标情况或者呈恶化趋势的区域。

2. 总量分析

分工业、城镇生活、农业源分析地市不同区域总量，并对工业源按行业分析其总量排放情况，识别地市主要水污染物排放总量的结构性、区域性特征。

3. 主要水环境问题和原因诊断

对水质和总量进行空间耦合分析，梳理地市主要水环境问题及其原因，为下一步提出管控措施提供依据。

（二）水环境功能分区分析与空间管控体系构建

根据地市水（环境）功能区划，衔接国家层面建立流域水生态环境功能管理体系的举措，统筹流域水系与行政区边界，划分控制单元，充分考虑可达性和必要性，制定控制单元水质目标，以控制单元作为水环境管理的基本空间单位，落实精细化管理；兼顾饮用水水源保护区、自然保护区等局部重要水体保护需求，划定水环境空间管控红线，建立控制单元水质目标管理 + 局部重要水体空间管控的水环境空间管控体系。

（三）控制目标与指标

以水环境质量改善为核心，体现以水质刚性约束倒逼经济结构转型升级的思想，落实《水污染防治行动计划》等规划要求，衔接地市水功能区划等，结合水环境空间管控体系，建立以水质目标为核心的目标指标体系。

（四）分区管控要求

以控制单元作为水环境管理的基本空间单位，以控制单元水质目标和水环境红线为基本约束，针对单元存在的问题，提出管控要求。

（五）机制和政策措施

以充分调动各级政府及相关部门、企业、社会及公众积极性和构建全民参与格局为出发点，从落实责任、加强组织协调、推进信息公开和公众参与等方面提出有利于水环境保护的机制和政策措施。

（六）重大工程设计

坚持目标导向和问题导向，根据水环境保护现状与目标的差距，提出需要实施的重大工程。

（七）水环境红线划定

城市水环境红线划分体系是基于区域水环境自然属性和功能，在空间范围上划定严格的最小保护范围，并设置限制开发的缓冲地带，引导城市建设与产业发展合理布局。城市水环境红线划分体系坚持以水定陆的原则，实施分级管控，包括红线区、黄线区和绿线区，各级分区不仅包含水域，还包含直接影响水环境的陆域范围。

（八）水红线体系管控要求

在水环境红线区内，要求：第一，禁止新（改、扩）建造纸、化工、酿造、纺织、发酵等高水污染排放行业和矿山开采、金属冶炼加工、有色冶金、印染、皮革、医药、农药、饲料、电镀、电池等涉及有毒有害污染物排放的企业，现有相关企业应逐步拆除搬迁。第二，红线区内现有其他行业企业，须严格执行相应行业规范、标准要求，保证污染物稳定达标排放；新（改）建建设项目，不得增加区域污染负荷。第三，集中式饮用水水源一级保护区禁止新建、改建、扩建与供水设施和保护水源无关的建设项目，已建成的与供水设施和保护水源无关的建设项目，应责令拆除或者关闭。第四，集中式饮用水水源二级保护区内禁止新建、改建、扩建排放污染物的建设项目，已建成的排放污染物的建设项目，责令拆除或者关闭。

水环境黄线区应合理利用水环境承载力，谨慎开发，严格监控；严格执行相应行业规范、标准要求，确保环境质量不恶化，逐步恢复生态功能。水环境绿线区以控制单元水质目标为约束性要求，在满足产业准入、总量控制、排放标准等管理制度要求的前提下合理发展。

在水环境红线控制区域内，控制断面和各水（环境）功能区应以现状水质为底线，不能突破；严格实施污染物排放总量控制，执行基于水质目标的水污染物排放标准，并根据区域水环境容量参考确定水污染物排放量；建立水环境红线区风险源数据库，确定优先风险防范区和重点水污染风险防范区。将这些区域的直接影响区作为一般水污染风险防范区，限制大规模人群聚集、居民建设用地开发和医院、学校等敏感目标布设。

第五章 水环境管理技术体系集成

第一节 水环境管理存在的主要问题

一、流域水环境质量管理技术体系不够健全，水体生态功能保护要求未得到有效保障

（一）水环境管理“分区、分类、分级、分期”的技术体系尚需健全

国际上的水环境管理正在向着体现区域差异的方向发展。由于不同流域 / 区域水环境的环境承载力、水生态特征等都有较大差异，面临的污染特征也不尽相同，不可能采取针对性的污染控制策略。我国目前对流域水环境“分区、分类、分级、分期”管理的关键技术还缺乏系统研究，没有建立起相应的技术规范，也没有形成相应的水环境管理制度，没有根据流域 / 区域水环境承载力和水生态特征形成有效的污染控制措施；污染控制水平与社会经济发展不相适应，经济决策与环境决策经常不匹配。因此，即使水污染治理投资不断增加，也很难从根本上扭转流域水环境恶化的趋势。

（二）尚未建立适合我国本土的水环境基准体系

我国现行水环境标准主要参考发达国家的水质基准值来确定，缺乏本土基准值支持，不能反映我国水生态系统保护的要求，可能导致水环境“欠保护”或“过保护”的风险。各地应开展中国水环境质量基准制定技术方面的研究，开展本土生物筛选、培养、测试和本土基准制定的相关技术研究，提出体现“分区、分类、分级、分期”的本土基准制定的技术方法，提出我国本土水环境基准阈值，为我国地表水环境质量标准的修订提供依据。

（三）流域水环境质量评价技术体系不够健全

我国水环境质量评估仍然以水化学评价为主，水生态系统健康评价方法尚未得到应用，不能反映水生态系统物理、化学和生物完整性的破坏状况。此外，以化学和生物完整

性的破坏状况为主的质量评价也不能反映污染物长期累积的多种污染物的复合效应。上述现状反映出我国水环境质量评价技术体系还不够健全。

二、流域水环境总量控制技术落后，仍然是以目标总量控制技术为主，基于水环境容量总量控制的技术体系尚未建立

（一）缺乏水污染源排放负荷核定技术

我国典型行业的污染源排放图谱、优控污染物和全覆盖动态清单尚未建立，排放负荷测算缺乏基础工作支持和有效的排污清单构建体系，长期以来造成污染源数量统计不完整、排污负荷核定不准确，特别是污染源清单仅仅覆盖主要污染物，不能覆盖流域特征和优控污染物，不能为排污许可发放和管理提供有效支持。因此，需要开展我国各种类型污染源的排放图谱构建、主要排放污染物识别和排放清单构建的技术，为建立我国的污染源动态清单管理系统和排污许可管理奠定科学的基础。

（二）尚未实施水环境容量总量控制政策

水环境容量是指在保证水生生态系统的健康和水体的正常使用功能的前提下，水体所能容纳污染物的排放量。总量控制是指为维护水环境的健康，对区域内进入水体的污染物总量进行控制的过程。由于容量总量控制着眼于实际区域内的环境质量保护目标，因此它也是污染物总量控制的最终目标，但我国目前总量控制仍主要以目标总量为主，导致污染物削减与水质改善相脱节。因此，需要开展我国流域水环境容量总量控制关键技术，构建基于控制单元的污染控制管理技术体系，改变以行政区为单元的污染控制体系，建立基于水质的排污许可证管理机制。

（三）尚未开展较全面的水污染防治技术评估

我国环保技术繁杂且市场无序，存在缺乏环境技术管理体系顶层设计、技术评估工作科学性不足、重点行业污染防治技术管理体系不健全等关键问题。亟须开展国家环境技术管理体系顶层设计，构建污染防治最佳可行技术评估（BAT）和环境新技术验证制度（ETV）的体系和方法，形成我国重点污染行业的最佳可行技术清单，推动我国环境技术管理体系建设。

三、流域水环境风险管理技术总体薄弱，监测、风险评估和预警等技术难以满足风险管理的需求

（一）流域水环境监测技术体系不够完善

我国流域水环境监测技术落后、方法缺失，质量管理缺乏顶层设计、系统性不强，缺少在综合管理与决策层面对数据集成、共享、综合分析的业务化平台，可满足现场、快速应急监测的技术不足，监测全过程的质量管理体系不健全，监测数据的准确性、公正性受到挑战；同时，还存在水环境遥感、生物监测、热点污染物等关键技术有待突破，保障流域水环境监测网络稳定高效运行的体制机制亟待创新等核心问题。

（二）流域水环境风险预警机制尚未建立，风险管理技术手段缺乏

我国当前水环境质量风险管理能力薄弱，缺乏有效的环境风险评估预警与控制技术支撑，突发性风险技术体系不够完整和成熟，累积性风险评估与预测预警研究落后，缺乏业务化流域预警平台。

四、流域水环境管理政策与其技术体系不够配套，难以满足国家治理现代化的需求

（一）缺乏中长期水污染防控战略与决策支撑技术

我国流域水环境保护工作滞后于社会经济发展，根本原因在于对社会经济发展与水环境保护内在规律的认识还处于不断摸索与不断深化的过程中，还没有揭示更深层次的客观规律；对流域水环境保护宏观战略与阶段性策略缺乏冷静与清醒的剖析，对流域水环境保护长远与近期工作没有统筹考虑。同时，流域内水环境保护战略和规划方面的研究非常薄弱。水污染防治和水资源开发利用方案长期脱节，缺乏水环境保护的长期和系统的战略研究，没有形成系统性的流域水污染控制总体战略，也没有基础性的水环境空间区划及约束条件研究。尽管国家编制了三个五年期的重点流域水污染防治规划，但依然没有一个精细化的决策支持系统，国家—流域—省市水污染控制目标、任务与投资的关联以及总量控制目标与水质改善目标之间的响应关系没有很好地得到解决，直接影响了水污染防治规划的科学性和综合性。

（二）水环境管理政策制定和实施的技术支撑体系仍是薄弱环节

我国的水环境管理事业已经开展了近30年，形成了较为完整的政策体系。在“预防为主、防治结合”“谁污染、谁治理”“强化环境管理”三大环境保护政策的指导下，目前我国形成了包括由一系列法律法规、标准和管理制度措施组成的水污染控制与治理的管理政策体系。虽然我国的水环境管理政策已经有了一定的雏形，但支撑政策制定和实施的许多技术目前仍是薄弱环节，如跨界水质管理技术缺乏，跨界生态补偿技术尚未推向实用；支撑排污权有偿使用制度的排污权分配、初始定价、排放量核定、绩效评估、系统平台建设等关键技术在地方实践中五花八门，没有统一规范；排污许可证管理制度缺乏全过程的管理平台构建与关键技术。

（三）水环境管理政策评估技术缺少有效的绩效分离手段

虽然我国环境政策体系不断获得完善，政策执行的效果也在不断提高的过程中，但是环境政策评估作为政策执行周期中的一个重要环节，仍然没有得到足够的重视。到目前为止，环境政策在实施过程中绩效和政策评估较少，且普遍不规范，管理绩效和政策评估还无法为政策制定、实施服务。究其原因，一是环境政策的各种主体没有充分认识到政策评估的重要性；二是我国的政策评估体系本身存在一些问题，如政策评估缺乏法制上的规定，评估过程受到政府的干预，影响了评估结果，从不同侧面打击了政策评估的积极性；三是环境政策评估资源不足、专业评估人员缺乏。

第二节　水环境管理技术需求

一、建立流域水生态功能分区技术系统，满足水体生态功能保护要求

第一，需要根据水生态类型和功能空间差异性，从“生态区—生态亚区—河流分类—河段功能分类”的多尺度角度建立我国的流域水生态功能分区体系，识别揭示各地区水生态系统结构特征、水生生境类型特征和水生态功能的主要依据，为确定水生态保护目标提供基础。第二，应开展我国水环境质量基准制定技术方面的研究，开展本土生物筛选、培养、测试和本土基准制定的相关技术研究，提出体现“分区、分类、分级、分期”的本土

基准制定的技术方法，提出我国本土水环境基准阈值，为《地表水环境质量标准》的修订提供依据。第三，需开展基于水生生物的水环境质量评价方法研究，筛选适宜于我国的具有代表性和实用性的生物指标，提出我国具有区域差异性的水生态系统健康评价方法和标准，为科学认知和诊断我国水环境质量提供依据。

二、建立基于水环境容量总量控制的技术系统，实现总量精准化管理

首先，开展我国各种类型污染源的排放图谱构建、主要排放污染物识别和排放清单构建的技术研究，为建立我国的污染源动态清单管理系统和排污许可管理奠定科学的基础。其次，开展我国流域水环境容量总量控制关键技术研究，构建基于控制单元的污染控制管理技术体系，改变以行政区为单元的污染控制体系，建立基于水质的排污许可证管理机制。最后，开展国家环境技术管理体系顶层设计，构建BAT和ETV的体系和方法，形成我国重点污染行业的最佳可行技术清单，推动我国环境技术管理体系建设。

三、建立水环境风险管理技术系统，实现流域水环境风险的监控和预警

首先，开展流域监测业务化平台、水环境监测分析方法、质量管理、体制机制等技术研发，形成一套从国家到县的流域四级环境监测体系，真实反映水环境质量状况，支撑水污染控制和管理决策。其次，开展流域水环境风险源识别、风险预警监控、风险快速模拟、风险评估以及事故应急处置等风险管理的关键技术研究，建立突发性和累积性水环境风险管理技术体系，推动我国水环境管理从被动式向主动式转变，提高水环境管理的科学性和时效性。

四、建立水污染控制技术经济决策支撑技术系统，实现科学化、精细化决策

目前我国的环境管理对编制流域水污染防治规划提出更高要求，这就需要用系统论、控制论、信息论等理论方法和计算机模拟技术在规划决策支持平台框架内加以解决，避免以往国家中长期水环境保护战略制定过程的“拍脑袋”型决策，使国家的水环境管理工作具有科学依据和一定程度的规范性，进而使国家、流域、区域和部门能够在大时空尺度上统筹水环境管理，破解目前我国水污染难题。随着未来经济社会的持续快速发展，我国水环境不断恶化、水资源严重短缺已成为制约我国经济社会发展的瓶颈，需要开展水环境近期和中长期预测技术、水环境质量模拟预测技术、水环境经济形势诊断技术、水污染防治

规划方案评估技术等水污染防治规划技术以及相关技术支撑平台的研究和应用，以提高国家流域水环境管理的科学性，为制订国家水环境保护战略和实施方案提供有力的基础支撑，为国家水环境的可持续利用以及水环境安全提供有效保障，也利于形成国家水环境保护和水污染防治的长效机制。

五、建立水环境管理政策配套的支撑技术系统，保障政策实施效果

目前，我国在环境管理政策制定的过程中亟须一些量化的技术支撑，以保障政策制定的合理性和可操作性。同时，一些政策在实施的过程中也需要建立有效的管理平台，简化实施环节，方便操作和管理，如构建流域生态补偿与污染赔偿技术体系，建立跨省重点流域的生态补偿模拟平台；构建集排污许可证申报、审核与发放、跟踪与核查、绩效评估为一体的排污许可证管理制度的全过程管理平台；突破排污权指标核定技术、水污染物排污权有偿使用定价模型，基于有偿使用的水污染物排污权优化分配技术，建立排污权有偿使用制度的通用管理平台等。另外，亟须建立有效的水环境管理政策评估方法体系，实现绩效分离。

第三节 水环境管理技术体系框架

水专项在第一阶段为创新和完善我国水环境管理技术体系，对水质目标管理的核心技术进行了突破和创新，解决和突破了如何实施质量管理、容量总量控制、风险管理以及对环境管理政策的支撑问题。流域 / 区域水环境管理技术体系架构包括以下几个层次内容：一是根据“分区、分类、分级、分期”的管理要求，通过实施水生态功能分区、水环境质量基准、水环境质量评价等技术，科学确定水质目标，实现水环境质量的科学管理；二是采取以环境质量倒逼污染排放的水环境容量总量控制，实施基于水质的控制单元排污许可证管理机制；三是构建流域水环境风险预警平台，形成突发和累积两种潜在风险的预防管理机制，减少水质目标的潜在风险；四是突破水环境管理决策和政策支撑技术，保障决策的精准性、合理性及政策实施的可操作性，为水污染防治提供长效政策支撑。

综上所述，水专项在流域 / 区域水环境管理方面建立了由质量管理技术体系、总量控制技术体系、风险控制技术体系和政策保障技术体系四位一体的环境管理技术集成。

第四节　水环境管理集成技术体系

一、质量管理技术系统

水环境质量管理首先需要建立我国流域水生态功能分区体系，识别揭示各地区水生态系统结构特征、水生生境类型特征和水生态功能的主要依据，为确定水生态保护目标提供基础。其次要建立体现“分区、分类、分级、分期”的本土基准制定的技术方法，提出我国本土水环境基准阈值，另外还需开展基于水生生物的水环境质量评价方法研究，筛选适宜我国的具有代表性和实用性的生物指标，提出我国具有区域差异性的水生态系统健康评价方法和标准，为科学认知和诊断我国水环境质量提供依据。

（一）流域水生态功能分区技术

流域水生态功能分区即依据水生生态系统完整性保护要求，根据水生生境类型以及服务功能区域特征，在不同尺度上划定具有特定水生态功能特征的区域或者水体单元。水生态功能区是对水生态区的继承和发展，不仅强调生态系统类型的划分，而且对生态功能要求也进行了界定。水生态功能区一方面要反映水生态系统及其生境的空间分布特征，确定要保护的关键物种、濒危物种和重要生境；另一方面要反映水生态系统功能空间分布特征，明确流域水生态功能要求，确定生态安全目标，从而便于管理目标的制定和管理方案的实施。水生态功能区是为水生态系统的监测、研究、评价、修复和管理提供的一种空间结构。通过观察某一地区生态系统的演变，可预测一个无资料地区生态系统的动态变化。这就提供了一种推理机制，特定生态系统过程知识能应用到具有相同特性的地区，类似的管理策略也能应用到这些地区。

（二）流域水环境基准标准制定技术

通过有机整合生物毒素基准、水生生物基准、水生态基准、沉淀物基准等水环境质量基准技术的研究成果，研究建立了我国主要水质基准及标准相关技术方法，包括流域水环境特征污染物筛选技术、流域水生生物基准技术、流域水生态学基准技术、流域水环境沉积物基准技术和流域水质风险评估技术等，初步构建了我国流域水环境质量基准方法框架体系。

（三）流域水环境质量评价技术

水环境质量评价是以水环境监测资料为基础，按照一定的评价标准和评价方法，对水质要素进行定性或定量评价，以准确反映水质现状，可以了解和掌握影响本区水体质量的主要污染因子和污染源，从而有针对性地制订水环境管理和水污染防治的措施与方案，为水环境保护和水资源规划提供科学依据。按照流域水环境要素的不同，提出了水化学质量评价、沉积物质量评价和水生生物质量评价；另外，以水质、沉积物及水生生物等监测资料为基础，经过数理统计得出统计量及环境各种代表值，然后依据水质、沉积物和水生生物评价方法及分级分类标准进行评价，在综合河流物理、化学和水生生物等多类型评价指标的基础上，构建了河流健康综合评价体系。

二、总量控制技术系统

针对当前流域水环境总量控制仍以目标总量控制技术为主，基于水环境容量总量控制的技术体系尚未建立，典型行业的污染源排放图谱、优控污染物和全覆盖动态清单尚未建立，排放负荷测算缺乏基础工作支持等现状，应积极开展我国各种类型污染源的排放图谱构建、主要排放污染物识别和排放清单构建的技术研究，为建立我国的污染源动态清单管理系统和排污许可管理奠定科学的基础。同时，应充分考虑水环境容量和水生态承载力，开展我国流域水环境容量总量控制关键技术研究，构建 BAT 和 ETV 的体系方法，改变以行政区为单元的污染控制体系，建立基于水质的排污许可证管理机制，构建 BAT 和 ETV 的体系和方法，推动我国环境技术管理体系建设。该技术系统加强了水环境模型开发应用的法规化和标准化、水环境容量计算方法的规范化、容量总量分配的可操作性等，完善了流域容量总量控制技术体系，形成了技术规范、导则体系，建立了基于水质的控制单元排污许可管理制度；快速推进了环境技术管理体系建设，在重点行业和省市加快实施最佳可行技术的推广和试点工作，开展了重点行业技术管理体系与项目管理结合试点，推动了环境技术管理体系与环境保护管理制度的有效结合。

（一）流域水污染源排放负荷核定技术

水环境污染物排放负荷核定是以水环境污染源调查与监测为基础来核定某一排放源乃至某一流域水环境污染物排放数量的过程。其意义是通过对污染物排放数量的核定，为总量控制的实施提供科学和公正的依据。水环境污染物排放负荷核定方法通常有实测法、单位负荷法、系数法、数学模型法等。不同污染源排放负荷的核定需应用与之相适应的排放负荷核定方法。

（二）流域水环境容量总量控制与基于水质排污许可管理技术

在流域水质目标管理的框架下，容量总量控制是一个“流域—控制单元—污染源”的多层次体系，是在“分区、分类、分级、分期”的水环境管理理念的指导下，在“流域—控制单元—污染源”水环境管理层次体系中，以流域总量控制为基础，立足于控制单元、面向污染源的水质管理体系，可为相关部门做出建设项目规划许可提供依据。

流域—控制单元分配：由于控制单元的社会经济技术指标特征不明显，最合理的方法是基于容量总量的分配方法。该方法所依据的是水质达标约束，采用控制断面与入河污染源的水质响应矩阵建立水质达标约束条件，计算各控制单元最大允许负荷；或尊重现状排放格局，以流域现状或规划入河负荷削减最小为目标，获得各控制单元允许负荷总量。流域—控制单元分配重点体现了公平原则，按照污染责任与影响相称进行流域容量计算与分配。

控制单元—污染源分配：控制单元一般由水域和陆域两部分组成，其中水域是根据水体的水生态功能、水环境功能等结合行政区划、水系特征等而划定的。控制单元的陆域为排入受纳水体污染源所处的空间范围。因此，控制单元使复杂的流域系统性问题分解为相对独立的单元问题，通过解决各单元内水污染问题并处理好单元间的关系，实现各单元的实质目标和流域水质目标，达到保护水体生态功能的目的。在预留 MOS（金氧半场效晶体管）的基础上，以控制单元允许入河负荷为约束，以污水处理费用最小为目标。在控制单元和扣除 MOD（是一个数学运算符号。指取模运算符，算法和取余运算相似）之后根据控制单元污染源治理的技术经济特点，按照效率原则建立污染源处理费用最小的目标函数。

基于水质的排污许可管理：加强我国水环境污染物排污许可证制度管理，除了应建立相应的法律程序外，科学合理地确定排污许可限值是提高排污许可证制度实施的科学性的重要保证。排污许可限值必须以区域环境最大允许排放量为准绳，充分尊重水环境污染控制的历史和现实，采用循序渐进的方法，确保排污许可限值实施的可操作性。制定过于激进的排污许可限值，不仅会给地方环境污染治理造成很大的困难，打消地方环境治理的积极性，同时也是不可能实现的。

（三）水污染防治技术评估与基于 BAT 的排放限值制定技术

我国环境技术评估主要分为成熟技术评估和新技术验证两方面工作。成熟技术归类为 BAT，新技术归类为新 ETV。评价结果通过最佳可行技术指南、“两个目录”、ETV 验证评价报告等平台发布，服务于环境技术管理，促进环境技术进步和环保产业发展。

环境技术评估制度主要包括技术和项目筛选和评估、最佳可行技术评估、新技术验证，应用科学的方法学和指标体系进行环境技术的筛选、评价与评估，为环境管理的科学决策服务。建立完善科学、规范、客观、公正的技术评价管理制度、方法和程序，是有效实施环境技术管理的重要技术手段。技术示范与推广机制通过对能够解决污染防治重点、难点问题的新工艺、新技术进行示范，对各类成熟、污染防治效果稳定可靠、运行经济合理并已被工程应用的实用污染防治技术进行推广，为技术政策和污染防治最佳可行技术导则的制定提供技术依据。

三、风险管理技术系统

针对流域水环境监测技术体系不够完善、监测全过程的质量管理体系不健全、流域水环境风险预警机制尚未建立、突发性风险技术体系不够完整和成熟等问题，该技术系统集成形成了由水环境监测和水环境风险预警组成的风险管理技术系统，包括重点水污染源的风险识别，按照风险进行分级管理；全国重点环境敏感目标的识别，按照敏感程度实施分级管理；综合现有的污染源在线监测和水环境质量在线监测系统，以流域为单元构建流域水环境预警监控体系；按照流域的风险源、敏感目标以及水环境特征，逐步建立不同流域水环境风险模拟及预测模型系统；以流域为基本单元、考虑上下游行政区管理需求，构建流域水环境突发型风险评估预警技术平台；加快推进我国流域 / 区域水环境风险评估与预警平台建设，提升我国突发性水污染事件的处理处置能力。

（一）流域水环境监测技术

流域水环境监测技术体系是由网点布设、监测指标筛选、采样制样、样品保存和运输、样品前处理、监测分析、综合分析评价、质量管理、仪器装备、标准物质、技术人员、运行管理等综合集成，以说清流域水环境质量状况、分析水污染物排放状况和变化趋势、及时有效地响应水环境突发事件为目标，具有多目标、多手段、立体型、复合型等特点，实现流域水环境监测结果的代表性、准确性、完整性、可靠性、公正性、有效性。

（二）流域水环境风险管理技术

针对突发性和累积性水环境风险的技术需求，分别研发了流域水环境风险源识别、风险评估、风险预警以及风险应急处置技术方法等风险管理技术，建立了水环境风险管理技术体系，并选择太湖、辽河流域和三峡库区作为三个典型示范流域。基于三个流域的流域特点和风险管理需求分析，重点针对大型集中式饮用水水源地、湖泊蓝藻水华重污染水体、城市景观水体以及河流跨界水体等功能区，开展水环境风险评估与预警系统技术研发，建立了辽河、太湖流域与三峡库区水环境风险评估与预警技术平台，并实现业务化运行。三个平台在各示范流域实现污染源、水环境质量的日常信息管理的基础上，三峡库区平台在突发性水污染事件应急处理处置，太湖流域平台在水华重灾区预警、跨界水污染纠纷调处，辽河流域平台在饮用水水源地、城市景观水体风险预警等方面得到全面应用，为示范流域实现水环境风险管理提供技术支撑。项目的研究成果及相关经验为构建国家级水环境风险评估与预警平台奠定了基础，为流域水质目标管理提供了技术支撑。

四、政策保障技术系统

（一）当前的问题

一是新时代对水环境保护提出了新要求，迫切需要水环境管理的技术支撑。水环境质量改善是目前社会公众最为迫切的民生需求，水环境问题仍然是我国生态文明和美丽中国建设的短板。二是“绿水青山就是金山银山”“山水林田湖草生命共同体”等一系列新理念、新思想需要在新阶段的水环境保护工作中落实。这些新理念对我国的水环境管理体制机制、政策手段提出了新的要求，迫切需要相关管理技术提供支撑。三是我国水环境保护工作重点也在发生变化，迫切需要为一系列管理关键技术的突破提供基础。但是我国水环境保护形势将在“十三五”到“十六五”历史阶段发生深刻变化，重点流域特别是中小流域治理、农村和农业面源水环境治理、地表水和地下水污染统筹治理、特征水污染物的治理以及水源地供水安全保障、水环境市场经济机制和治理体制等问题在2035年之前将是水环境保护工作面对的重大挑战。

（二）已有的技术创新

战略层面：提出了我国中长期水环境保护战略框架，构建了国家水环境安全中长期战略体系。体制机制层面：提出了我国水环境保护体制改革路线图和农村水环境监管机制、农业源控制管理制度、饮用水安全监管机制、流域水环境保护法律机制。管理政策层面：建立了跨界流域生态补偿与污染赔偿技术体系、水污染物排放许可证管理技术体系、排污权有偿使用技术体系，建立了不同用途差别水价和阶梯水价制度、水环境信息公开和公众参与制度，提出了水环境保护投资预测和投融资框架。

目前取得的成果为国家的法律法规制定和政策实施提供了有效的支撑，如水环境法律研究技术支撑了《水污染防治法》的修订，水环境战略研究支撑了《水污染防治行动计划》《重点流域水污染防治规划》等的编制实施，水环境保护税费价格研究技术支撑了环境税以及水价改革工作，排污许可证研究支撑了国家排污许可制度的建立，流域生态补偿研究支撑了国家跨界流域生态补偿试点工作的开展。

今后各地应结合国家经济社会发展战略需求，以及新时代“新理念”新要求，针对我国水体污染控制与治理的关键科技瓶颈问题，在当前水专项研究的基础上，通过理念创新、技术创新和管理创新，以提高水环境管理效能和水专项示范区域水质改善、水生态服务提升、水资源安全、水环境风险管控目标为导向，围绕构建流域水环境战略决策大数据技术平台、强化水生态环境系统治理、提高水环境管理政策效能、提升水环境治理能力和水平四大管理技术支撑，明确国家中长期水环境质量改善技术路线图，提出水环境管理体制创新、制度创新、政策创新主要方向，提高水环境保护科学决策水平，改进和完善水生态环境质量管理机制，增强市场经济手段在水生态环境保护工作中的作用，落实政府、企业在水环境保护中的责任，提高水环境治理的投入和效率，强化监督管理和政策执行能力，提高经济政策的实施效果和执行效率，为实现水专项示范区水质改善和国家水污染防治目标提供长效管理体制和政策机制，建立符合我国国情的水环境质量根本好转的战略与政策管理技术体系。

（三）水污染控制技术经济决策支撑技术体系

1. 技术思路

以流域规划编制过程为主线，从“经济—社会—水资源—水污染物排放—排放总量分解 – 水环境质量”一体化的角度集中到流域范围，对未来流域中长期水环境变化趋势进行预测和预警，分析在不同的经济社会发展情境下的水污染产排放、排放目标制定以及在目标总量情况下水环境质量变化形势，揭示流域水污染物减排和水环境质量改善之间的内在联系，构建流域主要水污染物总量分配指标集，开展分配模拟。同时，定量化测算分析流域污染治理投入措施对流域经济发展以及污染减排的贡献作用，从而为流域污染防治规划提供科学借鉴。

2. 技术特点

水污染控制技术经济决策支撑技术体系所包括的八项关键技术的技术特点如下。

技术创新性或突破的技术难点：首次耦合了“中长期经济社会预测—水污染物产排放预测—水污染控制目标分配—水环境质量改善效果预测”等模型技术，将流域经济发展、污染物排放与环境质量改善这三者间的演化关系贯穿起来进行一体化模拟，具有技术难点，同时具有创新性；将理论研究与应用实践相结合，在预测模拟和环境规划研究编制中，需要大量的跨部门、跨行业的数据信息，具有应用创新性。

技术不足与发展分析：污染物模拟指标较少，后续应从现有的污染排放和环境质量指标进一步拓展到与环境风险和人体健康相关的指标，进一步研究与环境风险和环境健康相关的优化决策，从而为水污染防治提供全面的技术支撑。

（四）水环境管理政策支撑技术体系

1. 技术思路

主要根据跨省流域生态补偿政策以及水污染排污权有偿使用政策两项政策中涉及的主要技术环节进行关键技术的突破，以保障政策的有效实施。在跨省流域生态补偿政策中主要综合生态补偿政策实施的主要环节建立跨省重点流域生态补偿模拟技术，同时在生态补偿标准计算上突破了基于协商博弈的跨省水源地经济补偿关键技术，实现补偿标准由“计算”向“制定”、由“单一量化”向“多方协商博弈”的转变。在水污染物排污权有偿使用技术支撑体系中，主要在排污权有偿使用的分配、定价和核定环节突破主要瓶颈技术。

2. 技术特点

水环境管理政策支撑技术体系所包括的关键技术的技术特点如下。

技术创新性或突破的技术难点：跨省重点流域生态补偿核算和模拟技术可以实现全国重点流域生态补偿模拟与管理，部分重点流域生态补偿信息可以实现可视化，目前已在国内首次实现生态补偿关系可视化；水污染物排污权有偿使用关键技术突破了水污染物排污权有偿使用的技术瓶颈，首次采用企业生产函数动态模拟社会福利最优情境，同时首次将企业环境绩效评估值应用于开展排污权分配；污染物排放许可证全过程管理技术首次整合了排污许可证发放的全过程，并搭建平台实现了全过程管理；全成本水价定价技术首次提出基于全成本的定价原则，并实施阶梯定价。

技术不足与发展分析：跨省流域生态补偿模拟技术目前处于初级阶段，需要后续进一步深入研究，利用该技术搭建的平台需要进一步在实际应用后进行完善。水污染物排污权有偿使用定价模型技术目前只开展了分区域定价，需进一步开展分行业定价，并考虑行业间的交易比率。基于有偿使用的水污染物排污权优化分配技术，需考虑如何与基于环境质量的排污许可证发放相结合。水污染物排污许可证管理需要构建精细化、精确化和动态化的污染物排放管理体系，形成可预算、可分配、可核定、可监管、可评估的许可证管理体系，其中的核心技术，即水污染排放许可证的监管和核算方法还需在试点中不断修订和完善。水价定价技术需在污水处理和再生利用价格与收费定价方面取得新突破。

（五）水污染防治政策绩效评估技术体系

1. 技术思路

针对政策绩效分离的问题，研究提出了两套技术路径：一是采取组合法，即借助IPAT方程（I指环境负荷，可以具体指污染排放量；P指人口数量；A指人均GDP；T指单位GDP的环境负荷）和多元回归分析相结合的方法，定量评估了水污染防治政策对水污染排放量的影响和贡献度；二是使用单一方法，如二分类Logistic回归分析和多分类Logistic回归分析法（是一种广义的线性回归分析模型，常用于数据挖掘，疾病自动诊断，经济预测等领域。例如，探讨引发疾病的危险因素，并根据危险因素预测疾病发生的概率等。），分离出总量减排措施对减排结果的贡献。针对社会经济影响分析，对应于提出的影响评估原则、标准和内容，建立了包括影响识别、效果评估及效率评估三部分内容的一套评估方法框架体系，并给出了各部分推荐方法。

2. 技术特点

水污染防治政策绩效评估技术体系所包括的关键技术的技术特点如下。

技术创新性或突破的技术难点：对于水污染防治政策评估进行定量评估和绩效分离一直是政策评估中的难点，而该技术体系的两项技术实现了政策评估的定性与定量相结合，并进行了实证研究。

技术不足与发展分析：政策评估制度和技术规程缺乏导致政策评估无据可依，政策评估的相关基础先天不足导致评估比较片面。建议在国家和地方层面同时入手，建立水污染防治政策评估工作制度要求，实现政策评估制度的常态化；在国家层面入手，出台水污染防治政策评估工作规程和技术指南。

第六章 重点领域水环境综合治理

第一节 工业水污染综合治理

一、工业水污染现状及存在的问题

工业废水是指工业生产过程中产生的废水、污水和废液，其中含有随水流失的工业生产用料、中间产物和产品以及生产过程中产生的污染物。

（一）工业废水特点

1. 污染种类多

从不同角度出发，工业废水可分为以下不同种类：

第一，按工业废水中所含主要污染物的化学性质可分为无机废水和有机废水，例如：冶金废水是无机废水、食品加工废水是有机废水。

第二，按工业企业的产品和加工对象可分为电镀废水、造纸废水、炼焦煤气废水、化学肥料废水、染料废水、制革废水、农药废水等。

第三，按废水中所含污染物的主要成分可分为酸性废水、碱性废水、含氰废水、含铬废水、含汞废水、含酚废水、含油废水、含硫废水、含有机磷废水和放射性废水等。

第四，按废水处理的难易度和废水的危害性可将废水中主要污染物归纳为三类：第一类是废热，主要为冷却水，一般可以回用；第二类是常规污染物，即无明显毒性且易于生物降解的物质，包括生物可降解的有机物，可作为生物营养素的化合物，以及有机悬浮固体等；第三类是有毒污染物，即含有毒性且不易生物降解的物质，包括金属、有毒化合物和不易被生物降解的有机化合物等。

2. 污染物浓度变化大

由于企业生产产品及原料存在多样性，不同时段、不同工序产生的废水性质不同，具有污染物浓度变化极大，有时远超设计值且可生化性较低的特点。混合无机废水后水质变化难以预测，对集中污水处理条件造成冲击，污水厂出水水质不稳定。

3. 环境影响大

工业废水中有些污染物质本身虽无毒性，但超过允许排放浓度后仍然对水生动植物有害，水体会出现厌氧腐败现象，大量的无机物流入水体时，使水体盐类浓度增高（硬度增加），造成渗透压改变，对生物（动植物和微生物）造成不良的影响。有毒废水排入水体后，将会对水体造成长期难以修复的影响，破坏水域整体生态平衡，更有甚者，会对下游水源造成水质性缺水影响。例如含氰、酚等急性有毒物质、重金属等慢性有毒物质及致癌物质等造成的污染。普通的取水工程处理难以降解和消除有毒物质浓度，会对饮用水水源造成面域破坏。

选煤、选矿等排放的微细粉尘，陶瓷、采石工业排除的灰砂等，难以自由沉淀处理，这些物质沉积水底有的形成“毒泥”，在水中还会阻塞鱼鳃，导致水生动物死亡，整体破坏水体生物链，导致水体发生腐败、水质恶化。

炼油、焦化等含油废水排入水体后，在水体表面漂浮，阻隔水体自然复氧，长期导致水体 DO 降低，水生动物大量死亡，动植物发生腐败现象，最终，水体富营养化，难以复原。

化学工业、制药工业废水排入水体后，各种物质之间会产生化学反应，或在自然光和氧的作用下产生化学反应并生成有害物质。例如硫化钠和硫酸产生硫化氢，亚铁氰盐经光分解产生氰等。

含有氮、磷等工业废水的污染表现在：对于湖泊等封闭性水域，含氮、磷物质的废水流入会使藻类及其他水生生物异常繁殖，使水体富营养化。

（二）工业废水治理存在的问题

1. 工业废水治理混乱

工业发展作为我国经济发展的重要一环，多年来，各级工业园对区域经济的发展起到了助推作用。但在工矿企业、工业园区的建设初期对环境评估及影响预估不足导致规划布局不合理，管网覆盖不全，水处理设施建设滞后，管理执行不到位，技术力量薄弱等问题，部分企业为了短期效益，追求经济增长，导致废水稀释排放、无证排放、偷排和超标排放现象屡见不鲜，流域水污染问题严重恶化。

2. 集中污水处理厂无相应处理工艺

一般园区采用混合收集、一管接入污水厂的方式。绝大多数的城镇工业混合型污水厂入水均未进行区分，电镀、化工、陶瓷、染料、医药制药等行业中存在汞、镉、铬、六价铬、砷等污染物及其他重金属和有毒有害物质，下游污水集中处理厂往往无针对性处置工艺。有毒有害物质进入污水厂后一部分穿厂而过；另一部分进入污泥增加处置难度。由于污水厂出水水质监测仅为常规污染物，对环境污染风险极高。

3. 园区污水处理设施“晒太阳”

我国工业废水污染问题一直是环保部门关注的焦点，各级环保部门在工业废水治理方面投入大量资金，采取各种措施，取得了一定成绩，但还未完全解决工业废水处理与污染排放问题。工业废水处理技术较为复杂，运营管理要求专业性较强。鉴于我国的工业废水处理均为企业治污模式，多数企业对水环境保护意识不足、投入资源不够、运维不专业，致使废水处理效果不理想。随着我国工业园区的建设推进，工矿企业虽建设了废水处理设施，设置了废水处理管理机构，但很多废水处理设施仍处于不良运行状态，更甚者停运。

二、工业水污染治理的关键性问题

（一）工业废水排放标准

1.《污水综合排放标准》

该标准适用于现有单位水污染物的排放管理、建设项目的环境影响评价、建设项目环境保护设施设计、竣工验收及其投产后的排放管理，其中按污水排放去向，分年限规定了多种污染物最高允许排放浓度及部分行业最高允许排水量。

按性质及控制方式，工业废水排放标准分为两类。

第一类污染物是指总汞、烷基汞、总铬、总镉、六价铬、总砷、总铅、总镍、总银、总 α 放射性和总 β 反射性等毒性大、影响长远的有毒物质。含有此类污染物的废水，不分行业和污水排放方式，也不分受纳水体的功能类别，一律在车间或车间处理设施排放口采样，其最高允许排放浓度须达到本标准要求（采矿行业的尾矿坝出水口不得视为车间排放口）。

第二类污染物是指 pH 值、色度、悬浮物、BOD_5、COD、石油类等。这类污染物在排污单位排放口采样，其最高允许排放浓度须达到本标准要求。这类污染物的排放标准，按污水排放去向分别执行一、二、三级标准，并与《地表水环境质量标准》和《海水水质标准》联合使用。

2.《地下水质量标准》

该标准依据我国地下水水质现状、人体健康基准值及地下水质量保护目标，并参照了生活饮用水、工业用水、农业用水水质最高要求，将地下水质量划分为五类。

Ⅰ类主要反映地下水化学组分的天然低背景含量。适用于各种用途。

Ⅱ类主要反映地下水化学组分的天然背景含量。适用于各种用途。

Ⅲ类以人体健康基准值为依据。主要适用于集中式生活饮用水水源及工农业用水。

Ⅳ类以农业和工业用水要求为依据。除适用于农业和部分工业用水外，适当处理后可作为生活饮用水。

Ⅴ类不宜饮用，其他用水可根据使用目的选用。

（二）工业废水工艺选择因素

工艺选择直接关系到建设投资及运行费用的经济性、废水处理的效果、工程占地的面积、运行管理的方便等关键问题。因此，在进行废水处理厂设计时，应根据工程实践经验、工艺反映理论做好工艺流程的比较，确定最佳方案。

工艺流程选择应考虑的因素：

技术因素：处理规模、进水水质特性、污染物负荷及成分、出水水质标准、污染物去除率、自然条件（北方地区应考虑低温条件下稳定运行）、污泥的特性和用途。

经济因素：基建投资、占地面积、征地价格、运行成本、自动化水平、操作程度及运行管理能力。

（三）环境效益与经济利益需平衡

废水治理的投资加大、工业用水重复利用率的增加，有利于工业废水及 COD 排放量降低；减少污染物排放应该通过改进和增加技术设备、污染处理设施，以及完善相关法律政策等措施来实现。

工矿企业在发展中，工业废水治理投资成本较大，运行费较高，工业废水难以得到妥善处置，这是工业废水投资额呈下降趋势的主要原因。

三、工业水污染治理技术及其适应性

（一）化学中和技术及其适应性

酸性废水是 pH 值小于 6 的废水，主要来自冶金、金属加工、石油化工、化纤、电镀等企业排放的废水；

碱性废水是 pH 值大于 9 的废水，主要来自造纸、制革、炼油、石油加工、化纤等行业。

酸碱废水具有较强的腐蚀性。为了保护城镇下水道免遭腐蚀以及后续处理和生化处理能够顺利进行，废水的 pH 值宜为 6.5 ~ 8.5。

化学中和技术包括酸、碱废水直接混合反应中和；药剂中和；过滤中和。其中过滤中和只能用于酸性废水中和。技术选择要考虑以下因素：

废水含酸或含碱性物质浓度、水质及水量的变化情况。

酸性废水和碱性废水来源是否相近，含酸、碱总量是否接近。

有否废酸、废碱可就地利用。

各种药剂市场供应情况和价格。

废水后续处理、接纳水体、城镇下水道对废水 pH 值的要求。

（二）化学沉淀技术及其适应性

化学沉淀法是向工业废水中投放某些化学物质，使其与水中溶解杂质反应生成难溶盐沉淀，因而使废水中溶解杂质浓度下降而部分或大部分被去除。该法主要用于处理含金属离子或含磷的工业废水，对于去除金属离子的化学沉淀法有氢氧化物沉淀法、硫化物沉淀法、钡盐沉淀法等；含磷废水的化学沉淀处理主要采用投加含高价金属离子的盐来实现。

1. 化学沉淀技术

第一，氢氧化物沉淀法。将 NaOH、$Ca(OH)_2$ 等作为沉淀剂加入含有金属离子的废水中，生成金属氢氧化物沉淀，从而从废水中除去金属离子。金属氢氧化物沉淀受废水 pH 值的影响。

第二，硫化物沉淀法。将可溶性硫化物投加于含重金属的废水中，重金属离子与硫离子反应，生成难溶的金属硫化物沉淀而从废水中去除重金属。

第三，钡盐沉淀法。钡盐沉淀法主要用于处理含六价铬废水。

第四，含磷废水的化学沉淀。通过向废水中投加含高价金属离子的盐来实现。常用的高价金属离子有 Ca^{2+}，Al^{3+}，Fe^{3+}，聚合铝盐和聚合铁盐除了可以和磷酸根离子形成沉淀外还能起到辅助混凝的效果。

2. 化学沉淀适应性

第一，氢氧化物沉淀法最经济常用的沉淀剂为石灰，一般适用于浓度较低不回收金属的废水。如废水浓度高，欲回收金属时，宜用氢氧化钠为沉淀剂。

控制 pH 值是废水处理成败的重要条件，由于实际废水水质比较复杂，影响因素较多，理论计算的氢氧化物溶解度与 pH 关系及实际情况常有出入，所以宜通过试验取得控制条件。

第二，由于金属硫化物的溶度积远小于金属氢氧化物的溶度积，所以此法去除重金属的效果更佳。经常使用的沉淀剂为硫化钠、硫化钾及硫化氢等。金属离子的浓度与 pH 成正比，即废水 pH 值低，金属离子浓度高；反之，pH 值高，金属离子浓度低，即硫化物沉淀法宜在碱性条件下进行。

用硫化物沉淀法处理含汞废水，应在 pH=9 ~ 10 的条件下进行，通常向废水中投加石灰乳和过量的硫化钠，硫化钠与废水中的汞离子反应，生成难溶的硫化汞沉淀。

第三，钡盐沉淀法主要用于处理含六价铬废水。多采用碳酸钡、氯化钡等钡盐作为沉淀剂。

第四，钙盐化学沉淀除磷：Ca^{2+} 通常可以 $Ca(OH)_2$ 的形式投加。当废水 pH 值超过 10 时，过量的 Ca^{2+} 离子会与 PO_4^{3-} 离子发生反应生成 + 羟磷灰石 $Ca_{10}(PO_4)_6(OH)_2$ 沉淀。

需要指出的是，当石灰被投入废水后，会和废水中的重碳酸反应生成 $CaCO_3$ 沉淀。在实际应用中，由于废水中碱度的存在，石灰的投加量往往与磷的浓度不直接相关，而主要与废水中的碱度具有相关性。典型的石灰投加量是废水中总碱度（$CaCO_3$）的 1.4 ~ 1.5 倍。废水经石灰沉淀处理后，往往需要再回调 pH 值至正常水平。

铝、铁盐化学沉淀除磷：铝盐或铁盐与磷酸根离子发生化学沉淀反应。

（三）氧化还原技术及其适应性

在化学反应中，参加反应的物质失去电子时，被氧化，称为还原剂；得到电子时，被还原，称为氧化剂。有得到电子的物质必有失去电子的物质，氧化与还原是同时发生的。利用这种化学反应，使废水中的有害物质受到氧化或还原，而变成无害或危害较小的新物质，对工业废水的这种处理方法称氧化还原法。

废水处理工程常用的氧化剂有高锰酸钾（$KMnO_4$）、氯气（Cl_2）、漂白粉（$CaOCl_2$）、次氯酸钠（NaClO）、二氧化氯（ClO_2）、氧（O_2）、臭氧（O_3）及过氧化氢（H_2O_2）等。

1. 氯氧化法

氯作为氧化剂在水和废水处理领域的应用已经有很长历史了，可以用于去除氰化物、硫化物、醇、醛等，并可用于杀菌防腐、脱色和除臭等，在工业废水处理领域主要用于脱色和去除氰化物。

氰化物的去除主要采用碱性氯化法。碱性氯化法是在碱性条件下，采用次氯酸钠、漂白粉、液氯等氯系氧化剂将氰化物氧化。其基本原理是利用次氯酸根离子的氧化作用，将氯、次氯酸钠或漂白粉溶于水中生成次氯酸。碱性氯化法常用的有局部氧化法和完全氧化法两种工艺。

2. 臭氧氧化法

臭氧氧化法在废水处理中主要用于氧化污染物，如降低 BOD_5、COD，脱色、除臭、除味，杀菌、杀藻，除铁、锰、氰、酚等。

（1）印染废水处理

臭氧氧化法处理印染废水，主要用来脱色。染料的颜色是由于发色基团。臭氧能将不饱和键打开，最后生成有机酸和醛类等分子较小的物质，使之失去显色能力。采用臭氧氧化法脱色，能将含活性染料、阳离子染料、酸性染料、直接染料等水溶性染料的废水几乎完全脱色，对不溶于水的分散染料也能获得良好的脱色效果，但对硫化、还原、涂料等不溶于水的染料，脱色效果较差。

印染废水的色度，特别是水溶性染料，用一般方法难以脱色，采用臭氧氧化法可得到较高的脱色率，设备虽复杂，但废水处理后没有二次污染。

（2）含氰废水处理

在电镀铜、锌、镉过程中会排出含氰废水。氰能被臭氧氧化，发生化学反应。应用臭氧、活性炭同时处理含氰废水，活性炭能催化臭氧的氧化，降低臭氧消耗量。向废水中投加微量的铜离子，也能促进氰的分解。臭氧用于含氰废水处理，不加入其他化学物质，所以处理后的水质好，操作简单，但由于臭氧发生器电耗较高、设备投资较大等原因，目前应用较少。但从综合经济效益讲，臭氧氧化法优于碱性氯化法。

（3）含酚废水处理

臭氧能氧化酚，同时产生 22 种介于酚和 CO_2 与 H_2O 的中间产物，反应的最佳 pH 值为 12。臭氧的消耗量是 4~6 molO_3/mol 酚，同时由于实际效率的影响，在气相时，臭氧的实际需要量达 25 molO_3/mol 酚左右。

3. 过氧化氢氧化法

用于废水处理的过氧化氢 H_2O_2 常为 30% ~ 50% 的溶液。

在碱性（如 pH=9.5）条件下，过氧化氢可将甲醛氧化，在 pH 在 10 ~ 12 条件下，过氧化氢可有效地破坏氰化物。近年来，过氧化氢已广泛用于去除有毒物质，特别是难处理的有机物。其做法是投加催化剂以促进氧化过程。常用催化剂是硫酸亚铁、络合铁、铜或锰，或使用天然酶。

4. 含铬废水还原法

处理含铬废水的还原法是在酸性条件下，利用还原剂将铬离子还原为铬，再用碱性药剂调 pH 为碱性，使铬离子形成氢氧化铬沉淀而除去。

常用的还原剂有亚硫酸钠、亚硫酸氢钠、硫酸亚铁等。与铬离子的还原反应都宜在 pH=2 ~ 3 的条件下进行。

（四）电解工艺技术及其适应性

电解质溶液在电流的作用下，发生电化学反应的过程如下。

第一，与电源负极相连的电极从电源接收电子，称为阴极。在电解过程中，阴极放出电子，使废水中的阳离子得到电子而被还原，阴极起还原剂作用。

第二，与电源正极相连的电极把电子传递给电源，称为阳极。在电解过程中，阳极得到电子，使废水中的阴离子失去电子而被氧化，阳极起氧化剂作用。

因此废水电解时在阳极和阴极上发生了氧化还原反应。产生的新物质或沉积在电极上，或沉淀在水中，或生成气体从水中逸出，从而降低了废水中有毒物质的浓度。这种利用电解原理来处理废水的方法称为电解法，可对废水进行氧化处理、还原处理、凝聚处理及上浮处理。电解法可用来处理含氰废水、含酚废水、含铬废水。

（五）气浮处理技术及其适应性

气浮处理是利用高度分散的微小气泡作为载体黏附于废水中的污染物上，使其浮力大于重力和上浮阻力，从而使污染物上浮至水面，形成泡沫，然后用刮渣设备自水面刮除泡沫，实现固液或液液分离的过程。

第一，以气泡产生方式的不同，气浮法分为三种类型：散气气浮法、溶气气浮法和电解气浮法。

第二，气浮法处理适应性主要应用在以下两方面。

气浮法在石油化工废水中的应用：

采用隔油池→气浮池→曝气池→砂滤池→活性炭吸附池工艺处理。

气浮法在印染废水处理中的应用：

废水主要来自漂炼、染色、皂洗等工序。生产过程所用染料种类较多，主要包括直接染料、还原染料、硫化染料及活性染料；染色过程中还添加助剂、碱等药剂。所用浆料为淀粉与聚乙烯醇。所以废水中含有大量剩余染料、助剂、浆料、碱、纤维和无机盐等。有机物含量高、色度高、pH 变化大。

（六）吸附技术及其适应性

工业废水中常有许多可用吸附法除去的污染物。吸附法常用于以下污染物的去除：石油等引起的异味；由各种染料、有机物、铁、锰形成的色度；难降解的有机物，如多种农药、芳香化合物、氯代经等；重金属等。

1. 吸附技术

物质在相界面上的复集现象称为吸附。废水处理主要是利用固体对废水中物质的吸附作用。工程中用于吸附分离操作的固体材料称为吸附剂，而被吸附剂吸附的物质称为吸附质。固体表面都有吸附作用，但用作吸附剂的固体要求具有很大的表面积，这样单位质量的吸附剂才能吸附更多的吸附质。

天然吸附剂有黏土、硅藻土、无烟煤、天然沸石等。人工吸附剂有活性炭、分子筛、活性氧化铝、磺化煤、活性氧化镁、树脂吸附剂等。

2. 吸附法处理工业废水适应性

（1）吸附法的处理对象

在废水处理工艺中，吸附法主要用于处理重金属离子、难降解的有机物及色度、异味。难降解的有机物主要包括木质素、合成染料、洗涤剂、由氯和硝基取代的芳烃化合物、杂环化合物、除草剂和 DDT（双对氯苯基三氯乙烷 / 滴滴涕）等。废水中的无机重金属离子常有汞、铬、镉、铅、镍、钴、锑、锡、铋等。

（2）吸附法与其他处理方法联合应用

吸附法可与其他物理处理和化学处理法联合使用。

吸附法可与臭氧氧化法联合使用。如用臭氧先将印染废水中的大分子染料分解，进行脱色，然后将残留的溶解有机物用活性炭吸附去除。

还有生物活性炭法。如向曝气池投加粉状活性炭，利用炭粒作为微生物生长的载体或作为生物流化床的介质，也可在生化处理后，再进行吸附处理。

（七）电渗析技术及其适应性

交替排列的阳膜和阴膜将电渗析器分隔成许多小水室。当原水进入这些小室时，在直流电场的作用下，溶液中的离子定向迁移。阳膜只允许阳离子通过而把阴离子截留下来；阴膜只允许阴离子通过而把阳离子截留下来。结果使这些小室的一部分变成含离子很少的淡水室，而与淡水室相邻的小室则变成聚集大量离子的浓水室，从而使离子得到分离和浓缩，使水得到了净化。

1. 电渗析技术

电渗析法最先是用于海水淡化制取饮用水和工业用水、海水浓缩制取食盐以及与其他单元技术结合制取高纯水，后来在废水处理方面也得到了较广泛的应用。

在废水处理中，根据工艺特点，电渗析操作有两种类型。

一种是由阳膜和阴膜交替排列而成的普通电渗析工艺，主要用来从废水中单纯分离污染物离子，或者把废水中的污染物离子和非电解质污染物分离开来，再用其他方法处理。

另一种是由复合膜与阳膜构成的特殊电渗析分离工艺，利用复合膜中的极化反应和极室中的电极反应以生产 H^+ 和 OH^- 离子，从废水中制取酸和碱。

2. 电渗析工艺的适应性

目前，电渗析法在废水处理实践中应用最普遍的有以下方面。

第一，处理碱法造纸废液，从浓液中回收碱，从淡液中回收木质素。

第二，从含金属离子的废水中分离和浓缩金属离子，然后对浓缩液进一步处理或回收利用。

第三，从放射性废水中分离放射性元素。

第四，从芒硝废液中制取硫酸和氢氧化钠。

第五，从酸洗废液中制取硫酸及沉积重金属离子。

第六，处理含 Cu^{2+}、Zn^{2+}、Cr（IV）、Ni^{2+} 等金属离子的电镀废水和废液，其中应用较广泛的是从镀镍废液中回收镍，许多工程实践表明，这样可实现闭路循环。

用电渗析处理镀镍废液回收镍时，废液进入电渗析设备前须经过过滤等预处理，以去除其中的悬浮杂质及有机物，然后分别进入电渗析器。经电渗析处理后，浓水中镍的浓度增高，可以返回镀槽重复使用。淡水中镍浓度减少，可以返回水洗槽用作清洗水的补充水。

（八）反渗透技术及其适应性

反渗透技术在废水处理中的应用日益增多，主要有废水再生回用处理、某些贵重金属废水的处理（回收贵重金属）、某些有毒或复杂难降解有机废水（如垃圾渗滤液）的处理等。

四、工业水污染治理产业现状

（一）工业废水处理规模

工业废水处理行业市场规模由工业废水工程投资和工业废水治理运营服务两部分构成。未来随着行业的发展，行业集中度有望提高。

（二）废水治理能耗较高

研发高效、低耗的废水处理技术和装备一直是行业发展的重点方向。由于工业废水成分复杂、性质多变、技术单一、处理难度大等特点，工业废水治理一直是水环境污染治理链条中的薄弱环节，需要在技术、能耗、投资上进一步提升解决。

随着我国对工业废水排放标准的提高，工业废水处理的费用将呈现增长趋势，创新工艺、节约能耗将是工业废水治理的主要发展方向。

（三）环保监管存在漏洞

第一，工矿企业预处理后的废水水质超标，导致下游污水处理厂出水超标、生物菌落死亡、处理设施瘫痪，这是工业废水排入城镇污水处理厂出现的主要问题，其发生的根本原因是城镇排水主管部门和环境部门分别负责企业纳管审批和企业排污监管，两部门之间信息不畅通，缺乏合作机制。

当前，越来越多企业选择将月处理废水排入专门处理工业废水的园区污水处理厂，但现阶段缺乏国家层面的管理条例，各地区管理机制也不相同，主要涉及园区管委会、园区环境部门的信息共享和合作机制，且还涉及园区环境部门和上级环境部门的水质监管权责分配。

第二，企业污水经由管网输送至污水处理厂环节的监管主体不明确，管网漏损造成的污水漏排问题难以问责。

第三，污水处理厂仅负责工业废水的集中处理，不能直接监测每家企业预处理出水水质。不同企业建设的预处理管网汇聚到污水处理厂进水管后，进水超标极易导致污水处理厂超标排放，且无法从源头上判断不达标排污企业。一般监管只重视末端生活污水处理厂的水质排放，对企业预处理污水水质排放监管力度不够，使得污水处理厂不能在第一时间发现情况并进行应急处理。

第四，园区管理委员会和环保部门等监管不到位，这也是工业园区发生水污染的主要原因之一。

五、工业水污染治理对策与目标

（一）废水污染治理对策

1. 废水处理多元化

工业废水污染主要有有机需氧物质污染、化学毒物污染、无机固体悬浮物污染、热污染、病原体污染等。其废水水质成分复杂、处理工艺多样，工业废水在满足《污水排入城镇下水道水质标准》排入下游污水厂前应严格实行废水多元化分类处理。很多工业废水中的污染物质可能会有特殊的颜色、臭味以及产生泡沫。工业废水在进行处理时，应根据去除物特性，选择对应处理工艺，对在水处理过程中产生的污泥、残渣的处理还要考虑是否存在二次污染以及中水回用等。

2. 加强监管建设力度

地方环保部门应加强对工业废水污染治理力度，完善管理制度，做好生产把关与项目中的申报工作，且应该遵守项目建设“三同时”制度（必须与主体工程同时设计、同时施工、同时投产使用的制度），尤其对新建项目，重点关注废水处理系统验收环节，使废水处理体系的完整度得以保障。此外，还应严格把控相应企业项目工作，对于不同及不符合标准的项目进行严格审批。对于废水处理管理应精细化，对于废水污染严重的企业进行重点监管，不定期对废水排放工作进行检测，将废水污染控制在正常的范围内。对于违规的企业要进行查处，避免发生类似的问题。企业废水排放的污染情况较为严重的应立即责令其进行停业整顿。依法对排污的企业责令停产处理，在达到专业标准后，恢复企业正常运行。

3. 提高污水复用率

复用率是衡量企业环保节能和效益的一个技术指标。工业水复用率越高则环境效益越好，其经济价值往往更多取决于工业废水种类、收集处理回用工艺选择、当地电价等因素。例如，对于电厂冷却用水，由于其废水主要是热污染，所以相对冷却处理成本低于新鲜水补水费用，提高其复用率有利于经济效益增长；反之，对于皮革、造纸、食品等产生有机污染物含量高、处理成本高且生产用水水质要求高的行业废水，想要废水达到回用标准，处理成本较高，将会影响其经济效益。

因此，想要提高工业废水复用率不仅仅取决于其处理工艺技术，还取决于政策引导及社会责任感的构建。

（二）废水治理目标

1. 零排放

水资源日益短缺制约了我国经济和社会的发展，实现工业废水零排放势在必行。废水“零排放”是指工业废水经过重复使用后，将废水全部（99%以上）回收再利用，无任何废液排出工厂。水中的盐类和污染物则经过浓缩结晶以固体形式排出厂送垃圾处理厂或将其回收作为有用的化工原料。

2. 专业化

我国工业废水治理面临着诸多问题，最突出的问题是对高污染的工业废水治理力度不够、技术水平不高、专业人才缺乏。由于企业污水成分、浓度不同，为便于管理，须采取“一企一管”的方式；按照“建设吸引社会资本投入生态环境保护的市场化机制，推行环境污染第三方治理”的要求，废水治理项目可采用“环境污染第三方治理”的专业化分工模式，逐渐建立起工业废水专业处置运行平台，专业化地针对不同类型排污企业进行服务，从而更有效地利用社会资源，降低运行治污成本，提高污水治理效果。

六、工业水污染综合治理产业及技术前景

（一）工业废水综合治理产业前景

1. 国家政策良好

近几年来，我国始终在政策领域对工业废水治理企业发展给予了许多支持，为工业废水治理行业提供了良好的发展契机。国家政策的出台，让工业废水处理行业切切实实享受到了政策带来的红利。

党的十九大报告明确指出，要提高污染排放标准，强化排污者责任，健全环保信用评价、信息强制性披露。而“提高污染排放标准”这一提法，备受工业企业关注。2018 年，中共中央、国务院印发《关于全面加强生态环境保护　坚决打好污染防治攻坚战的意见》，指出我们要着力打好碧水保卫战，深入实施水污染防治行动计划，坚持污染减排和生态扩容两手发力，加快工业、农业、生活污染源和水生态系统整治。

《环境保护税法》规定，纳税人排放应税水污染物的浓度低于国家和地方规定的污染物排放标准 30% 的，减按 75% 征收环境保护税；低于 50% 的，减按 50% 征收环境保护税。

我国已出台 10 多项工业废水处理行业相关标准、30 多项水污染物排放国家环境标准以及 20 多项水污染物排放地方环境标准，用于规范指导行业发展。

可以说，国家宏观层面、行业发展层面相关政策密集的出台，为工业废水处理行业提供了良好的外部政策环境。未来几年在打好“碧水攻坚战”、环保督查和专项行动持续加码等背景下，工业污水处理市场需求将加速释放，这一领域发展潜力巨大。

2. 市场空间大

随着全球水资源短缺问题日益严重以及人们对环境的关注程度逐步提升，全球工业废水处理市场规模不断扩大。

我国是工业大国，从区域市场来看，工业废水中污染物区域分布明显。工业废水排放的污染物主要有 COD、NH_3–N、石油类、挥发酚以及汞、镉、六价铬、总铬、铅、砷等，主要集中在广东、江苏、山东、云南、江西、湖南、湖北等地区。其中云南、江西地区铅、汞、镉、砷等重金属排放量较大。当前工业废水治理主要需求区域集中在广东、江苏、山东、湖南、云南、江西、湖北、内蒙古、甘肃等地区。

从主要城市来看，工业废水年排放量超过 1 亿 t 的城市有上海、杭州、广州、重庆、

天津、南京、武汉。其中，上海、杭州、广州工业废水年排放量超过 2 亿 t。这些城市是当前工业废水治理的重点需求城市。

工业废水处理行业市场规模较大的地区主要集中在华东、中南地区。

（二）工业废水综合治理技术前景

随着生活水平的不断提高，人们的环保意识也越来越普及，政府也对此更加重视，追求健康绿色的生活是大势所趋，水处理设备技术行业因此有较好的发展前景。虽然国家和各级政府对环境保护重视程度的不断提高，工业废水行业正在快速增长，工业废水处理总量会逐步递减，但由于排放标准的提高，处理投资额将会增多，对工业废水处理行业来说，挑战和机遇共存。

工业废水处理技术发展前景较乐观的原因有以下三点。

第一，随着经济深入发展和环保意识加强，各地区对工业废水处理需求增大。国家从政策上鼓励节能环保和节约用水使得循环和复用水率增高。

第二，现阶段各地区加大城市污水处理事业发展、流域水体综合治理、工业废水综合治理，随着投资额的增加，将会促进行业技术的发展和技术突破，在拉动经济增长的同时，带动科学技术的进步。

第三，在过去的几十年间，我国经济增长主要得益于城市市政基础设施建设和房地产项目投资。现阶段，由于社会意识的进步将推动水环境、生态环境、大气治理等市场的发展，这是人民生活水平提升所要求城市具备的基本功能。

第二节　城镇生活污水污染综合治理

一、城镇水污染现状及存在的问题

（一）城镇生活污染类型

城镇生活污染是指城镇居民生产、生活等活动过程中排放的以污水、废气、垃圾以及医疗废物等为主的污染物。其中，城镇污水指城镇居民生活污水，机关、学校、医院、商业服务机构及各种公共设施排水，以及允许排入城镇污水收集系统的工业废水和初期雨水等，是一种综合污水。

（二）城镇污水及污泥特征

城镇污水主要包括生活污水和工业废水等。受排水体制系统、所在地区经济发展水平、生活习惯、卫生设施及气候条件等不同因素影响，各城镇排放的城镇污水成分比较复杂，各有差异。在合流制排水系统中还包括了雨水，在半合流制排水系统中还包括了初期雨水。

1. 城镇污水一般特征

城镇污水的一般特征主要包括：

第一，污水中主要成分为纤维素、淀粉、糖类、脂肪、蛋白质等有机物，氮、磷、硫等无机盐类及泥沙等杂质，还包括多种微生物及病原体。城镇污水中还混入了一定比例的工业废水，含有部分难降解有机物、有毒有害物质如重金属等物质。

第二，污水水质、水量波动比较大。

第三，污水有机物浓度变化大，氮源及磷源也较高，直接排放易造成水体富营养化；但污水中碳源不足也是普遍存在的问题。

2. 污水厂污泥特征

污水厂污泥是指在污水处理过程中产生的半固态或固态物质，不包括栅渣、浮渣和沉砂。污泥的一般特征主要包括：

第一，污泥含水率高（可高达 99% 以上），容易腐化发臭，并且颗粒较细，比重较小，呈胶状液态。

第二，污泥含砂量大，污泥可生化性差，有机质成分含量因污水处理工艺不同在 10% ~ 90% 范围内变化，同时含有 N、P 等营养物质。

第三，含有寄生虫、卵等病原微生物，以及重金属物质，处置不当易造成二次污染。

二、城镇生活污水治理的关键性问题

（一）城镇污水处理设施建设投入仍需加强，建设和运营分开运作模式待转变

城镇污水处理设施建设仍然存在着区域分布不均衡、配套管网建设滞后、建制镇设施明显不足、老旧管网渗漏严重、设施提标改造需求迫切、部分污泥处置存在二次污染隐患、再生水利用效率不高、重建设轻管理等突出问题，污水处理设施建设投入力度仍然需要继续加强。同时要转变传统的“重厂轻网”“重水轻泥”“重建设轻运营”的设施建设及管理思维，提前科学、合理地规划布局建设城镇污水“厂网一体化”，保证其与城镇经济发

展建设相适应。

城镇水环境治理工作中首先要解决的问题就是“控源截污”。城镇污水治理工作是水环境治理的重要组成部分。目前，我国很多城镇的排水管理与污水处理由不同的部门进行管理，这就导致了城镇排水系统厂网在进行城镇排水工作时出现很多问题，正常的排水系统功能无法发挥作用。而且由于污水处理厂与城镇排水系统相互分离，所以城市排水系统的污水收集和污水处理厂的污水处理能力严重不匹配，大大降低了污水处理效率或是导致污水被直接排入水体，使得水体污染问题得不到合理控制。因此，要想提高城市排水系统的水体处理工作质量，我们需要在充分了解城镇排水系统工作特性的基础上进行排水系统一体化的综合运营管理，从而更好地发挥城镇排水系统在污水治理工作中的作用。

（二）城市生活污水与工业废水合并集中处理方式需要重新检视

我国城市污水处理工程的运行实践表明，对城市生活污水与工业废水合并集中处理方式需要重新加以认真检视，一方面的原因是运营管理水平低、监管不到位、工业企业环保意识弱，预处理设施运行不正常或达不到进厂水质规定要求，偷排行为屡禁不止。另一方面的原因是：第一，化工、印染、制药等重点污染行业排放的污水含毒和难降解生物物质，危害污水管网和污水处理设施的安全运行。第二，工业废水中重金属和有毒有害物质加剧了污泥处理的难度。伴随着城镇污水处理厂出水排放标准的提高及污泥处理问题的日益突出，将含有有毒、有害污染物的工业废水尽量从城镇污水处理中分离出去，单独收集、单独处理、单独排放，是十分必要的。所以，在加强工业污染控制，实现“一企一管”“一企一策”“分流分质”管理的同时，只有对污染物总量的削减和控制才能真正提高城镇污水治理的有效处理率。

（三）污水厂运营管理技术水平及管理能力需要提高

1. 城镇污水处理能耗及成本需要进一步降低

污水处理厂承担水环境改善的重要任务，但它也属于能耗密集型企业。污水处理厂电耗一般占总能耗的 70% ~ 90%。随着城镇化率、污水处理率、污泥处理处置率的不断提高以及排放标准的提高，污水处理电耗还将进一步增加，我们应及早采取措施提高行业能效，降低间接碳排放。如何合理评估污水处理能耗和降低能源消耗是目前污水处理领域关注的热点，也是未来污水厂的发展趋势。

2. 污水处理运营管理专业能力有待提高

污水处理行业作为市政公用行业，能否保证污水处理设施正常运行及实现污水处理出水达标，是社会公众最为关注的。近期生态环境部公布的数据表明，逾 52.36% 的污水处理厂变成了超标排放的“致污者”，绝大部分污水处理设施运行管理粗放，距离精细化、专业化管理还有很大差距。随着城市水处理行业模式逐渐向特许经营模式转变，以及市场竞争激烈、社会资本融资风险加大等因素影响，重建设、轻运营的传统管理思路已经越来越走不通，运营管理能力在未来行业产业链中的地位日益重要，将成为行业竞争核心力和盈利的核心环节。随着环保监督检查越来越严格，排放标准越来越高，国家对污水处理设施的运营考核也越加严格，将形成环保监督常态。所以，专业化、精细化、科学化的污水处理运营管理，践行“绿色、低碳、节能”管理理念，加强运营管理人才队伍建设和培训，是污水处理行业发展的必行之路。

三、城镇生活污水治理技术及其适应性

（一）常见的城镇生活污水处理工艺技术

据有关文献报道，目前，国内外污水处理厂处理生活污水有很多种工艺形式，使用最为广泛的有传统活性污泥法及改良型的 A/O（Anacrobic/Oxic 或 Anoxic/Oxic，厌氧 / 好氧或缺氧 / 好氧）和 A^2/O（Anacrobic/Anoxic/Oxic，厌氧 / 缺氧 / 好氧）工艺、氧化沟工艺、序批式活性污泥法（SBR）工艺等污水处理工艺。其中，81.44% 的污水处理厂使用 A/O 类工艺及其改良工艺、氧化沟类工艺、SBR 及其改良工艺；污水处理能力在 10 万 m^3/d 以上的污水处理厂使用 A/O 类工艺及其改良工艺、氧化沟类工艺、SBR 工艺的比例分别为 56.55%、18.35%、11.24%；污水处理能力在 10 万 m^3/d 以下的污水处理厂使用 A/O 类工艺及其改良工艺、氧化沟类工艺、SBR 及其改良工艺的比例分别为 26.92%、33.15%、20.49%。

（二）城镇污水深度处理工艺

目前污水脱氮主流工艺是基于传统 A^2/O 的改良脱氮工艺，深度处理工艺主要采用高效沉淀池 + 反硝化深床滤池 + 臭氧氧化，也有应用混凝沉淀 + 深度脱氮 + 滤池、高效沉淀 + 滤布滤池等组合，以及相对成熟的 MBR（膜生物反应器）工艺。

1. 反硝化滤池

反硝化滤池是一种具有反硝化脱氮功能的生物滤池，它是在传统生物滤池的基础上发展而来的集生物脱氮及过滤功能合二为一的处理工艺。反硝化滤池中进行的脱氮反应大部分是异氧反硝化细菌以有机碳源（常见的碳源如甲醇、醋酸和乙醇等）作为电子供体，以硝酸盐或亚硝酸盐作为电子受体的氧化还原过程。

（1）结构类型

根据水力流态分为上流式和下流式两种形态。

①上流式反硝化滤池。上流式反硝化滤池的形态和传统的生物滤池的结构较为类似，污水从下部往上部流动，滤池从下往上分为配水层、承托层、填料层、清水层，同时还配置布水布气系统、反冲洗系统、出水系统、管道和自控系统。典型的上流式反硝化滤池为曝气生物滤池（BAF）。

滤池滤料层选用天然黏土烧制成的陶粒滤料，有效粒径分为 2.5 ~ 4.0 mm、3.0 ~ 5.0 mm、4.0 ~ 6.0 mm，滤料层高度为 2.5 ~ 4 m，根据不同的水质和出水要求选用不同粒径的陶粒滤料。滤料比重为 1.4 ~ 1.6 t/m^3。

滤池最下部的配水室和滤板上的滤头组成滤池的布水系统；布气系统则由池底穿孔管和滤板上的滤头组成。反冲洗进水与进水管共用一根管道，同为上向流，反洗废水排放从滤池上部排出。BAF 反冲洗系统采用气—水联合反冲洗。一般情况下运行 24 ~ 48 h 反冲洗一次，滤池的反冲洗周期根据出水总氮（TN）浓度、悬浮物（SS）浓度及滤料层的水力损失综合而定，由在线检测仪表将检测数据反馈给可编程逻辑控制器系统（PLC），并由 PLC 系统自动控制和操作。

②下流式反硝化滤池。下流式的反硝化滤池形态和 V 形滤池结构较为类似，污水从滤池上部配水槽进入滤料区，滤池从上往下分为配水区、填料区、承托层、出水收集区，典型滤池为 Denite 反硝化深床滤池。

深床滤池选用石英砂为过滤介质，滤床高度一般约 1.8 m，最高不超过 2.4 m，有效粒径 2 ~ 4 mm，均匀系数为 1.4。反冲洗进水为下部上向流，反洗废水从滤池底部排放。气水分布系统采用“T”气水分布块滤砖技术，滤砖能形成空气反射内腔，反冲洗时空气与水混合后，从相邻滤砖的间隙中强力喷出，将空气与水均匀分布在整个滤池区域，确保整个滤池反冲洗无死角和盲区。滤砖位于反冲洗支管的上面，隔一排滤砖放置一根支管。气水分布块内腔接收空气分配支管排出的空气。

（2）影响因素

首先，参与反应条件要求：pH（7 ~ 8）、溶解氧（DO）浓度（≤ 0.5 mg/L）、水温（20 ~ 35℃），碳氮比（工程上一般要求 C/N ≥ 5 ： 1）等。因此就反硝化滤池而言，保证以上条件是保证脱氮效果的前提。在实际的现场工程中，污水厂对水温以及 pH 的控制相对稳定，但由于进水水质、水量的变化导致进水有机物含量不足，进而使得滤池中的反硝化细菌得不到足够的碳源，造成脱氮效率低下。

其次，所设计滤池的水力负荷。水力负荷较低容易引起堵塞及冲洗维护困难等问题，水力负荷较高则会导致污水与生物膜的接触时间不够，反应不充分也会造成脱氮效率低下。

最后，冲洗频率及强度。反硝化生物滤池属于生物膜法，因此在一定的使用期限内需要进行冲洗，以恢复损失的水头。同时将一部分老化脱落的生物膜排出整个滤池，促进新的生物膜生成，就好比活性污泥法中要将剩余污泥排出系统一样，因此反硝化生物滤池需要根据来水的水质、水量变化以及生物膜的生长情况，摸索出合适的冲洗频率和冲洗强度。

（3）滤池形式

美国赛莱默公司和意大利迪诺拉的反硝化深床滤池，是一种典型的下流式后置反硝化深度脱氮滤池，滤料选用固定型滤料，根据实际需要其滤砖、滤板和滤料可根据应用水厂（污水厂或者自来水厂）灵活选择：对于自来水厂，滤料主要以石英砂为主，因此承托层采用二次配水滤砖 + 滤板的形式；对于污水处理厂，滤料从下往上为砾石、鹅卵石和石英砂填料，粒径从大变小，层级变化，因而承托层采用过水孔隙较大的二次配水滤砖。

法国威立雅的 Biostyr 反硝化滤池采用了上流式的过滤结构，与其他的反硝化滤池不同的是：①采用了悬浮填料而非传统的固定填料，这类填料呈球形结构，可在污水中漂浮，增加了与污水的接触。②滤池的滤板结构有变化，除了配水区上部用于承托滤料的滤板外，在出水区也增加了滤板结构，滤板上均匀分布了滤头，这样在保证脱氮的情况下，也进一步提高了出水 SS 的去除率。③反冲洗直接采用重力流冲洗。这样做省去了反冲洗的设备及管道布置，节省了能耗。此类滤池既可以用于前置反硝化也可以用于后置反硝化。

相比较于欧美，国内对反硝化深床滤池的引进和使用相对较晚。安徽的华骐环保研发的反硝化滤池采用的是升流式滤池，在传统 BAF 的基础上改进，滤料采用陶粒，核心部件是其自主研发的配水滤头，很好地解决了原有滤池堵塞及配水配气等问题。这类滤池多用于与传统 BAF 串联使用，是一类前置反硝化滤池。

上海奥德水处理有限公司设计开发的低充氧反硝化脱氮滤池系统，是一种下流式的反硝化滤池，配水区由滤池上部两侧的配水槽进水，污水从上往下透过滤床，完成过滤和深度脱氮，最后再通过滤池下部的集水槽收集排放，适用于后置反硝化。

深圳市清泉水业股份有限公司开发的上向流反硝化深床滤池是以反粒度过滤理论为基础，吸收翻板滤池、无堵塞 BAF、上向流滤池等工艺的优点，并将反向过滤工艺机理结合气水冲洗方式、关键设备和自控技术进行创新，进而开发出来的一种新型高效的反硝化深床滤池工艺。滤料采用 2 ~ 4 mm 石英砂介质或 3 ~ 6 mm 火山岩滤料，滤床厚度在 1.5 ~ 2.5 m。在满足进水水质要求的情况下，各指标的去除率为：SS ≥ 85%，TN ≥ 80%，总磷（TP）≥ 75%。该滤池适用于后置反硝化。该公司根据多年设计及运营经验总结，起草编制了《上向流滤池设计规程》（CECS 451—2016），为深床滤池设计及运营提供了参考依据。

（4）两种滤池比较

反硝化 BAF 的优缺点：

优点：微生物种类丰富、浓度高，有机物容积负荷高，抗冲击能力强；占地面积小，可以通过增加填料高度来减少占地面积；工艺简单，基建费用和运转费用低，不需二沉池和污泥回流系统，本身就具有过滤作用，出水效果好；由于 BAF 滤池为半封闭或全封闭构筑物，其生化反应受外界温度影响较小。

缺点：对进水水质要求较高，需要进行混凝沉淀预处理；脱氮除磷能力相比传统工艺有所欠缺，脱氮方面需要设置 DN 池，运行过程中需要投加碳源，除磷方面需要在预处理过程投加化学除磷药剂，药剂成本高；曝气生物滤池由于滤料粒径较小，往往会发生滤料堵塞现象，若长期反冲洗不到位，会导致滤料板结而无法运行；需配备反冲洗系统，运行上对自动化的要求较高。

Denite 反硝化深床滤池的优缺点如下。

优点：

陶粒滤料与石英砂相比，比表面积为同体积石英砂的 2 ~ 3 倍，易于微生物附着；孔隙率为石英砂的 1.3 ~ 2.0 倍；截污能力是石英砂滤料的 1.5 ~ 2 倍。与常规滤料相比，具有生物附着性强、水流流态好、反冲洗容易进行等优点。

反硝化深床滤池采用淹没式进水避免反硝化曝气滤池水流高位反堰跌落造成滤池进水充氧的弊端，提高了反硝化脱氮效果，同时节省了碳源投加量；滤池冬季低温期运行，淹没式进水可避免由于反硝化曝气滤池池水流高位跌落造成的水温流失，保持较好的低温反硝化效果。

滤料层厚度比深床滤池高，相同处理水量及滤速条件下，反硝化曝气滤池可增加对高浓度废水冲击负荷的缓冲能力；在相同处理水量及滤料容积负荷下，反硝化滤池滤速可以更大，占地更小。

缺点：

反硝化过程产生的 N_2 会使过滤产生气阻，反硝化曝气滤池进水为上流式，与 N_2 溢出方向相同，N_2 随进水溢出，不需要单独驱氮；而反硝化深床滤池进水为下流式，与 N_2 溢出方向相反，N_2 溢出时产生的气阻大，每 3 ~ 4 h 就需要开启反洗泵驱氮，故能耗高，也会增加其他滤池的负荷和滤速。

（5）适用范围

反硝化 BAF 和反硝化深床滤池均可显著节约基建投资并减少占地面积，出水水质较好，运行费用低，管理方便，在城镇污水处理提标改造工程中的应用越来越多。这两种滤池主要用于去除 SS、TP、TN 等污染物，保证其出水达到一级 A 标准。

（6）缺点

为保证滤池反硝化的碳源需求（尤其在冬季低温条件下）需新设置一套碳源投加系统，向反硝化滤池内投加碳源强化生化脱氮，保证出水 TN 稳定达标。一般使用的碳源为乙酸钠、葡萄糖、甲醇、乙酸等低分子物质，价格贵，会导致运行费用增加 0.1 ~ 0.2 元 /m^3。

另外，滤池自动化依赖程度高。

2.MBR 工艺

MBR 工艺是把生物处理与膜分离相结合的一种组合工艺，在生物反应器中置入中空纤维膜组件，过滤中空纤维膜为超滤膜（UF），孔径范围为 0.04 μm，主要用于对悬浮液和有机物进行截留。其特点可使生物反应池内维持一定浓度的微生物量，对污水进行净化。

MBR 工艺是将膜放置于生物反应器内部，曝气装置设置在膜组件的正下方。原水进入生物反应器后，有机底物在高浓度的混合活性污泥的作用下得到氧化分解。膜组件下方设置的曝气装置不仅具有为混合液微生物提供足够 DO 和促进充分搅拌、混合的功能，同时由于气泡的搅动及其在膜表面形成的循环流而起到对膜表面的冲刷和剪切作用，可有效防止污染物在膜表面的附着和沉积。

将 MBR 和生物脱氮除磷工艺相结合可以强化脱氮除磷的效果，A^2/O-MBR 工艺包括厌氧池、缺氧池、好氧池与膜组件，这是目前国内应用最多的一种 MBR 脱氮除磷工艺。

（1）优点

能够高效地进行固液分离，分离效果远好于传统的沉淀池，出水水质良好，出水悬浮物和浊度接近于零，可以直接回用，实现了污水资源化利用。

膜的高效截留作用，使微生物完全截留在反应器内，实现了反应器水力停留时间（HRT）和污泥龄（SRT）的完全分离，使得运行更加灵活稳定。

反应器内的微生物浓度高，耐冲击负荷。

MBR 有利于增殖缓慢的微生物的截留、生长和繁殖，使硝化效率得以提高。通过运行方式的改变也可以具有脱氮和除磷的功能。

SRT 可随意控制。膜分离使污水中的大分子难降解成分在体积有限的生物反应器内有足够的停留时间，大大地提高了难降解有机物的降解效果。反应器在高容积负荷、低污泥负荷、长 SRT 的条件下运行，可以实现基本无剩余污泥的排放。

系统由 PLC 控制，可以实现全程自动化控制。

占地面积小，工艺设备集中。

除上述优势之外，MBR 工艺还基本解决了传统的活性污泥法存在的污泥膨胀、污泥浓度低等因素造成的出水水质达不到中水回用要求的问题。

（2）缺点

MBR 技术发展过程中，主要技术瓶颈还没有得到完全解决，主要有膜污染导致膜通量降低、膜丝磨损从而膜寿命短、膜系统清洗不便及能耗高、运行费用高等。

（3）适用范围

MBR 工艺适用于出水水质要求高、出水要求回用的经济发达的地区。

（4）技术发展方向

进一步开展低能耗、效率高的膜生物反应器（MBR）优化工艺，开发膜成本低、性能好、抗污强的膜组件是未来 MBR 工艺的发展方向。

（三）污泥处理处置技术

目前，我国的污泥处理处置方式主要以填埋为主，其次是堆肥、焚烧等方式。为了促进污水处理的同时妥善处理处置污泥，国家近年来发布了多项相关标准、政策措施。

《城镇污水处理厂污泥处理处置技术指南（试行）》中规定，根据污泥的性质和当地的条件，污泥处理处置技术应优先采用土地利用（厌氧消化、好氧发酵后进行土地利用）技术。在污泥浓缩、调理和脱水等实现污泥减量化的常规处理工艺基础上，根据污泥处置要求和相应的泥质标准，并因地制宜采用协同焚烧（水泥窑、热电厂、垃圾焚烧炉）或建材利用、污泥填埋等技术的污泥处理处置路线。

（四）城镇污水处理技术发展方向

当前，我国地表水环境质量差、湖泊富营养化形势不容乐观、水生态环境受损严重等问题依然突出。随着污水处理设施及配套管网建设及维护完善，市政污水处理厂将对水体中氮的减排发挥越来越重要的作用。脱氮除磷的提标改造势在必行。

在重点城市和重点流域以提高水环境质量为重点目标的情形下，城镇污水处理排放标准要求趋于严格，对于 TN 指标从 20 mg/L（城镇污水处理厂污染物排放标准 GB 18918 规定的一级 B 标准）提高到 15 mg/L（相应标准一级 A 标准），有的要求 TN 提高到 10 mg/L，甚至 5 mg/L（昆明 A 标准），逐渐向极限脱氮方向发展。

在污水处理提标改造脱氮工艺路线中，传统的硝化和反硝化工艺是当前最流行、广泛应用的污水生物脱氮技术。同时基于深度生物脱氮处理的新型工艺，国外已经研究及应用的厌氧氨氧化技术、处于中试研发阶段的短程硝化—反硝化技术和硫自养反硝化技术，以及处于基础研究阶段的厌氧甲烷氧化技术也逐渐得到大量研究者关注，取得了一定的技术研究成果。在国内，一些工程项目中也在尝试应用这些深度生物脱氮处理工艺技术，如移动床生物膜反应器（MBBR）、膜曝气生物膜反应器（MABR）在现有污水处理设施提标改造过程中得到了实践应用。

1.MBBR 工艺

MBBR 工艺原理是通过向反应器中投加一定数量的悬浮载体，提高反应器中的生物量及生物种类，从而提高反应器的处理效率。由于填料密度接近于水，在曝气作用下，因而与水呈完全混合状态，微生物生长的环境为气、液、固三相。载体在水中的碰撞和剪切作用，使空气气泡更加细小，增加了氧气的利用率。另外，每个载体内外均具有不同的生物种类，内部生长一些厌氧菌或兼氧菌，外部为好养菌，这样每个载体都为一个微型反应器，使硝化反应和反硝化反应同时存在，从而提高了处理效果。与以往的填料不同的是，悬浮填料能与污水频繁多次接触，因而被称为“移动的生物膜”。

（1）两种工艺类型

按微生物存在状态，分为纯膜 MBBR 和泥膜复合 MBBR。从起源看，早期的 MBBR 专指纯膜 MBBR 工艺，是对传统流化床工艺的改良，通过采用比重与水接近的悬浮载体替代传统的重质填料，节约填料流化的能耗。纯膜 MBBR 的系统不设置污泥回流，不进行悬浮态污泥的持留，微生物主要以附着态形式存在于悬浮载体上。欧洲较早使用 MBBR 工艺的污水厂多为采用纯膜 MBBR 工艺。

泥膜复合工艺又称为 Hybrid、Hybas、IFAS，是将活性污泥法与生物膜法相结合，旨在原位强化活性污泥系统处理效果。又为了克服传统固定式填料易堵塞、传质不良、处理效果差等问题，通过悬浮载体替代传统的填料，出现了泥膜复合 MBBR。泥膜复合 MBBR 既有悬浮态微生物，又有附着态微生物，需要污泥回流。国内推广时正值污水厂升级改造，多与现有工艺相结合，采用泥膜复合 MBBR。

纯膜 MBBR 所需池容小，水力停留时间更短，能够非常有效地去除 NH_5–N、TN，但投资略高，除磷主要依赖于化学除磷；泥膜复合 MBBR 具有双泥龄，系统同步脱氮除磷效率高，工艺稳定性能更强。两种工艺形式通过合理设计均可以达到技术极限处理效果（LOT）。

（2）技术关键

MBBR 工艺的技术关键是微生物的挂膜培养、合理控制溶解氧与 HRT、填料填充率。

（3）技术优点

与活性污泥法和固定填料生物膜法相比，MBBR 既具有活性污泥法的高效性和运转灵活性，又具有传统生物膜法耐冲击负荷、泥龄长、剩余污泥少的特点。MBBR 工艺兼具传统流化床和生物接触氧化法两者的优点，充分发挥附着相和悬浮相生物的优越性，使之扬长避短，相互补充，是一种新型高效的污水处理方法。

①填料特点。悬浮载体是微生物栖息的场所，是生物膜的载体，其性能关系到 MBBR 工艺的效果。悬浮载体密度应接近于水、有效比表面积大、空隙率高，理化参数参照行业标准《水处理用高密度聚乙烯悬浮载体填料》（CJT 461—2014）要求。高密度聚乙烯扁圆柱状悬浮载体成为应用主流。从流化角度、运行能耗及运维管理两方面角度考虑，以及为进一步提标提量角度考虑，填充率应控制在 30% ~ 45%，为提标提量留有一定余地。

②良好的脱氮能力。MBBR 生物膜几乎全部为“料上膜”，生物相更加丰富，成熟悬浮载体其生物膜总硝化菌群占比可达 10% 以上；同时，在悬浮载体中也检出大量的反硝化菌，占比在 6% ~ 20%，也有个别项目反硝化菌占比超过了 50%。而填料上形成好养、缺氧和厌氧环境，硝化和反硝化反应能够在一个反应器内发生，对 NH_3-N 的去除具有良好的效果。

另外，可通过投加填料到好氧池或缺氧池，实现硝化和反硝化区域不同强化效果。对于除磷的强化，应解除污泥龄的限制，通过缩短悬浮态泥龄，满足除磷泥龄需求。突破池容比例限制，扩大缺氧池容，也是反硝化的强化方式。

③抗冲击负荷能力强，去除有机物效果好。反应器内污泥浓度较高，一般污泥浓度为普通活性污泥法的 5 ~ 10 倍，可高达 30 ~ 40 g/L。综合微生物菌落的分析发现，生物膜不是简单的活性污泥的复制和放大，而是对微生物富集具有一定的选择性，更有利于长泥龄菌群的富集。随着生物膜的动态更新，脱落的生物膜进入活性污泥，可对活性污泥进行硝化接种，提高了对有机物的处理效率，同时耐冲击负荷能力强。

④负荷高，占地省。绝大多数案例均实现了原池提标，甚至是跨级提标、提量、提标同时提量，提量可超过 100%。MBBR 除污效率和负荷率均显著优于普通活性污泥法。

⑤ MBBR 生物膜泥龄长，一般超过 30 d，有利于硝化菌群的富集，尤其是有利于特殊水质条件下相关高效菌种的筛选。MBBR 工艺可实现 6 ℃下低温处理，最低可实现 3 ℃低温处理。此外，MBBR 工艺可用于碳氮比值较低的污水处理或微污染水处理，强化 TN 去除。

⑥易于维护管理。曝气池内无须设置填料支架，对填料以及池底的曝气装置的维护方便。

⑦可持续升级。由于 MBBR 工艺所用悬浮载体有不同的有效比表面积及填充率，可通过悬浮载体换代或投加量的增加实现污水厂的升级改造，填充率可在 10% ~ 68%。MBBR 工艺也可以与 A^2/O、SBR、氧化沟以及上述活性污泥工艺的变形工艺相结合，实现镶嵌式改造，无须新建和扩建。

（4）对 MBBR 工艺未来研究的建议

①悬浮填料的研究和开发。应对填料表面的化学特性及悬浮填料的脱落机制进行深入的研究：提高填料对微生物附着性能，并应尽可能地降低悬浮填料的造价，使悬浮填料能更广泛地应用于污水处理。

② MBBR 工艺与其他工艺的组合。MBBR 工艺与 A/O 法等工艺多级联合有各自的优点，对这些组合工艺应加强研究并进行实际应用。

③ MBBR 工艺反应器的研究。通过对反应器流体力学的研究，确定反应器的形状，以达到最优化的反应器结构，从而避免填料堆积，降低能耗。可以初步研究多级串联连续式悬浮填料移动床反应器的结构形式与操控方案，为项目技术的推广应用奠定基础。

2.MABR 工艺

MABR（或称 EHBR 强化耦合生物膜反应器）工艺是应用一种曝气能耗利用效率高的氧膜材料开发的新型生物膜处理技术。它是利用透气膜与附着生长型生物膜之间的协同作用，采用透气膜将氧气传递至透气膜表面附着的生物膜层，同时氨和有机物如化学需氧量（COD）、生化需氧量（BOD）等基质从污水扩散到生物膜层，从而对水体污染物进行消耗、降解。

（1）技术原理

在 MABR（EHBR 膜）工艺的生物膜中，氧气和水中有机物、营养物质是对向传质的，BOD 从液相扩散进入生物膜后逐渐降低，而 DO 从靠近膜方向向着液相方向降低，即呈现基质扩散相反梯度的特点。所以 MABR 的生物膜实际是一个硝化生物膜，即异养菌和自养菌不会产生冲突，这样比较容易在整个生物膜界面上进行硝化，而在外面混合液中进行反硝化，实现同步硝化反硝化。这与传统的生物膜工艺是完全不同的：传统生物膜介质上面存在生物膜，氧气和水中有机物和营养物质从外进入生物膜，从而存在异养菌和自养菌竞争的问题。

MBBR 工艺中使用的膜材料是一种中空透氧膜，本质上是用低能耗的中空传（透）氧膜组件实现氧的高效率扩散和传递，传质及曝气氧转移效率得到极大提高，具有高效曝气以及生物膜同步硝化反硝化的特点。

（2）技术优点

①具有丰富的脱氮除磷优势菌群。MABR 生物膜中具备脱氮除碳除磷功能的优势菌群。而工况条件主导顶级群落的结构组成和分布。通过改变工况参数可以有效地调控主要菌群的分配比例，优化运行效能。MABR 生物膜内含有多种氨氧化菌和反硝化菌。前者主要包括亚硝化单胞菌和古菌；后者主要包括厌氧反硝化菌（氢噬胞菌属）、好氧反硝化菌（生

丝微菌属）和光能反硝化菌（红杆菌属，光合菌）、化能反硝化细菌（红细菌属），彰显出反应器中反硝化模式的多样性以及高效的脱氮能力。MABR 生物膜细菌群落中囊括了大量未知菌属，蕴藏着复杂的污水降解和去除功能。

②节约能耗和成本，适用于低碳氮比和低挥发性悬浮物（VSS）污水。据报道，苏伊士 SUEZ 推出了一款创新性带内支撑的加强型中空纤维透氧膜产品 ZeeLung。从充氧动力效率而言，传统意义上的曝气方式效率低，ZeeLung 的充氧动力效率基本上是在 6kg O_2/（kW·h）以上，是普通微孔曝气的 4 倍左右，直接供氧给 MABR 上的生物膜，不存在 α 系数转化问题，所以鼓风机装机负荷大大降低，能耗也能够较大节省。对于现有污水厂升级改造，可直接利用现有鼓风机，无须额外增加 MABR 用鼓风机。

苏伊士公司在某芝加哥的 O' Brien 再生水厂项目中试现场，对试验结果中不同的氨氮负荷以及完全硝化和亚硝化的理论需氧量与实测值分析显示，采用 MABR 技术除了节省氧气消耗（节约效果达到 30% 以上）之外，还能充分利用原进水的有机物，协同短程硝化反硝化从而节省额外的碳源投加，同时可减少硝化液回流量和二沉池污泥回流量。这对于我国普遍的低碳氮比的污水而言，将可节省巨额运行费用。从污水处理厂全系统的生命周期成本考虑，相对 MBR 和 MBBR/IFAS 而言，MABR 技术的全生命周期成本相对较低，是实现能量平衡的污水厂升级改造的最佳选择。

③工艺简单。MABR 膜组件可在原有污水厂池内安装，对现有设备及系统改造影响小，安装方便，易于管理，无须进行膜的化学清洗。

④占地面积小，污泥产生量小。MABR 膜系统和传统悬浮污泥系统结合，处理水量增加也无须增加池容，可实现脱氮除磷同时提高水质。双 SRT 运行可满足二沉池峰值水力负荷和固体负荷压力。据报道，OxyMem 开发的 MABR 产品比传统活性污泥反应池减少 50% 污泥量。

⑤污水处理效果好，不受低温影响或影响较小。在寒冷天气环境下，也能保证实现水质达标。

（3）关键核心技术

MABR 核心技术包括特殊选择性氧高效扩散的膜材料、膜与膜组件制造技术、微生物挂膜及驯化技术、系统工艺工程设计技术及 MABR 运行管理技术等。

其中高性能的膜材料是 MABR 技术关键。除此之外，MABR 系统的污染物去除主要通过表面生物膜，去除效率受生物膜生长和分布影响。整个反应器中水力混合情况对生物膜生长、溶解氧传递、有机物浓度分布及膜分层厚度等有很重要的影响。

为保证系统中好氧层和缺氧层同时存在，避免过厚的缺氧层对有机物传输阻力过大，

MABR 中的生物膜厚度一般需要保持在 300 ~ 1 000 μm。

（4）对 MABR 工艺未来的研发方向

提高大型 MABR 膜系统的内部水流分布均匀性，改善生物膜厚度分布均匀性。

国外的中小型一体化 MABR 反应器应用较多，但是在大型污水处理厂的应用成功案例较少。主要是因为大型反应器内水力混合主要通过混合搅拌或间歇式曝气实现，随着反应器尺度的扩大，其水流均匀分布的难度随之增加，进而影响了膜组件的生物膜厚度分布均匀性，无法保证膜层中好氧膜层和缺氧膜层同时存在，影响整个系统污染物去除效率。

采用科学的计算流体力学模型对大型反应器进行设计优化，全方面准确评估膜反应器水力学表现。

对透气膜材料透氧性能、耐腐蚀性、耐久性进行持续性优化和创新研究。微孔膜气体传质阻力小，气体通量比较大；价格便宜，加工成型容易，但易被污染，导致气体传质效率下降，并且微孔膜泡点比较低，使用过程中曝气压力不能过高。硅橡胶致密膜对氧具有选择透过性，泡点压力大，不会存在微孔膜被污染的问题，而且具备较强的化学与机械稳定性，但是致密膜壁比较厚，气体传质阻力较大，气体通量较低，且成本比较高，很难大规模应用。

四、城镇生活污水治理的目标与措施

（一）城镇生活污水治理目标

城镇生活污水治理目标是加快城镇污水处理设施和管网建设改造，推进污泥无害化处理和资源化利用，实现城镇生活污水、垃圾处理设施全覆盖和稳定达标运行，城市、县城污水集中处理率分别达到 95% 和 85%，建立全国统一、全面覆盖的实时在线环境监测监控系统，推进环境保护大数据建设。

（二）城镇生活污水治理措施

针对当前我国城镇污水处理工作中出现的问题和规划目标，在今后的工作中，建议各级政府及相关企业可通过以下措施来提高污水处理的水平和质量，从而积极地保护和维护城镇自然生态环境的平衡。

1. 城镇生活污染防治全面统筹协调推进，科学布局和规划

优先解决环境敏感地区污水配套管网不足和管网改造问题。优先推进重点库区、湖泊、重污染河流、重要水源地等敏感地区污水处理设施的提标改造，提高出水排放标准，提高水资源利用程度，进一步增强对主要污染物的削减能力。优先解决污泥产生量大、污染隐

患严重和对流域水环境威胁较大地区的污泥处置问题。

2. 建立健全科学有效的污水处理防治规划

对城镇污水处理的根本在于预防和治理，因此，各地城镇政府要建立健全科学有效的污水处理防治规划，科学、合理、切实地制定污水处理的防治目标，并根据当地的社会、经济、地理等环境现状，对污水处理建设进行规划，制订规划方案，并确保规划方案同城镇总体规划在核心思想上一致。新区污水管网规划建设应当与城市开发同步推进，全面排查城镇城中村、老旧城区、城乡接合部污水管网建设基本功能情况、错接混接等基本情况及用户接入情况，根据实际情况分计划实施管网混错接改造、管网更新、破损修复改造等工程，实施清污分流，全面提升现有设施效能。

对黑臭水体及其支流汇流范围内的城中村、老旧城区和城乡接合部，因地制宜开展污水收集和处理设施的建设与改造，力争做到全收集、全处理、全达标排放。要通过雨污分流、污水管网的建设与改造提高污水管网质量，逐步使污水处理厂的进水浓度达到设计要求。合理确定污水处理厂污染物排放标准，对出水不能达到水生态环境质量要求的污水处理厂，要进行相应的提标改造。对雨季溢流频率高的污水处理厂，要根据实际情况进行管网雨污分流改造或污水处理厂增容扩容改造。敏感区域的污水处理设施应尽快提标改造，达到国家相关要求。加快城市排水与污水监测能力建设，所有城市应具备排水与污水处理监测能力。现有合流制排水系统应加快实施雨污分流改造，难以改造的，应采取截流、调蓄和治理等措施。新建污水处理设施的配套管网应同步设计、同步建设、同步投运。

根据污水处理设施规模和运行要求，合理确定管网规模，切实提高污水收集率和污水处理厂进水浓度。城市污水处理厂进水 BOD 浓度低于 100 mg/L 的，要围绕服务片区管网制订“一厂一策”系统化整治方案，明确整治目标和措施。推进污泥处理处置及污水再生利用设施建设。人口少、相对分散或市政管网未覆盖的地区，因地制宜建设分散污水处理设施。

3. 持续加强设施建设资金筹措及投入，同时加大政策支持

建造运营污水处理设施及配套管网通常需要大量的资金支持，因此，政府在进行城镇污水处理工作时，必须要加大对污水处理设施特别是配套排水管网的资金投入，以保障污水处理目标的顺利实现。

地方各级人民政府应切实落实城镇污水处理设施建设主体责任，加大投入力度，建立稳定的资金来源渠道，确保污水处理设施建设符合城镇发展需要。同时，积极引导并鼓励社会资本参与污水处理设施的建设和运营。国家应根据规划任务和建设重点，继续对设施建设予以适当支持，并逐步向“老、少、边、穷”及中西部地区倾斜，解决区域设施建设

不均衡的困局。对暂未引入市场机制运作的城镇污水处理及再生水利用设施，要进行政策扶持、投资引导和适度补贴，保障设施的建设和运营。

4. 加强城镇污水处理设施维护管理及监督力度，培育壮大专业化服务企业

在城镇污水处理设施建设、管理和经营工作中，规划是龙头，建设是基础，管理是关键，经营是灵魂，即“三分建设、七分管理、十分经营”。污水处理设施设计、建设及运营应该严格按照国家行业标准实施，建立健全污水设施及配套管网管理及维护长效机制，按照设施权属及运行维护职责分工，建立污水管网排查和周期性检测制度，落实排水管网周期性检测评估制度，逐步建立以 5 ~ 10 年为一个排查周期的长效机制和费用保障机制。

各级政府相关部门要明确设施权属及运维职责，加强排水企业及单位规范化管理，健全污水接入服务和管理制度、市政管网私搭乱接溯源执法制度，杜绝违法排污。应通过绩效考核和行政奖惩机制加强对污水处理企业的考核监督，通过企业信用体系制度建设，健全第三方治理模式机制，引导优秀的专业化水污染治理企业规范化运营管理，培育专业化、精细化污水处理设施建设及管理队伍。健全以特许经营为核心的市场准入制度，提高产业集中度。推进政府和社会资本合作（PPP）模式在城镇污水处理领域的应用，鼓励按照“厂网一体”模式运作，提升污水处理服务效能，避免“厂网不配套”“泥水不配套”等问题。

5. 加强高科技应用，优化现有污水处理工艺技术

各级政府相关部门应积极引进、应用高新科技和产品进行城镇污水的处理工作，从而不断提高城镇污水处理的质量和水平，提高污水处理效率、节约费用成本。同时，还要根据我国城镇发展的实际情况以及污水产生的特点等，对污水处理工艺进行科学、合理、切实的选择，不断提高和优化处理工艺在高效、经济、易行、简便等方面上的水平，从而不断提高城镇污水处理的有效性和合理性。在选择污水处理技术工艺时，要注意以下几点内容，即：

第一，要选择具有灵活性的工艺技术，从而更好地适应现阶段的污水达标处理和排放要求，并能够及时地适应未来的污水再生利用需求等。

第二，要选择具有较强耐冲击负荷力的工艺技术，并要选择那些运行安全稳定、操作简便易行、工作效率较高、维护简单方便的处理工艺，从而确保城镇污水处理目标的顺利实现。

第三，要选择那些运行费用低、基建投资省、投加药剂量少、节能降耗明显、污泥产量少的污水处理技术。

6. 加强污泥处理工作

在污水处理过程中，污泥的处理工作是其中一项十分重要的组成部分，它能够有效地

避免污水在处理过程中出现二次污染，从而在进一步确保处理目标实现的同时，也节省了大量的物力、人力和财力。在处理过程中，各级部门和污水处理企业要加强对污泥处理的重视，加大对其的资金投入和技术支持，规范污泥处理的操作行为和流程，并根据过程中出现的不同情况及时采取正确、有效的措施，通过选择合理的处理技术，因地制宜地对其进行净化和处理，从而更好地促进污水处理目标的实现。

强化污泥无害化处理处置，应按照“绿色、循环、低碳”原则建设污泥处置设施。现有不达标的污泥处理处置设施应加快完成达标改造，优先解决污泥产生量大、存在二次污染隐患地区的污泥处置问题。污泥处置设施布局应“集散结合、适当集中”，提高处理的规模效应，因地制宜选择污泥处理处置措施，拓展达到稳定化、无害化标准污泥制品的使用范围，尽可能回收污泥中的资源、能源。

目前，随着全民环保时代的到来，人们对社会生产污水以及生活污水的处理情况也越来越关注。如何减少污水排放、提高污水处理质量成为当前各级城镇政府亟须重视和解决的问题。因此，各地城镇政府部门和污水处理企业应不断加强和提高城镇污水处理的能力和水平，积极采用先进的节能环保处理技术，不断在实践中总结经验、创新形式，从而不断改善和提高人民群众的生活环境质量，真正实现绿色生活、环保生活。

第三节　农村生活污染综合治理

一、农村生活污染概述

（一）概念及分类

农村生活污染是指在农村居民日常生活或为日常生活提供服务的活动中产生的生活污水、生活垃圾及粪便等污染。

生活污水分为黑水、褐水、黄水和灰水四类。黑水是指粪便、尿液等排泄物和冲厕水的混合废水，褐水指人的粪便污水，黄水指人的尿液，灰水是指除去冲厕水之外诸如厨房清洗用水、卫浴用水等所有的家庭生活废水。其中，农村生活污水主要是衣物洗涤、厨房餐饮、卫浴排泄等产生的黑水和灰水。

生活垃圾具体成分较为复杂，主要分为可回收垃圾、不可回收垃圾、有机垃圾和有毒有害垃圾四类。其中，农村的可回收垃圾主要包括塑料瓶、玻璃制品和废金属等，不可回收垃圾主要包括塑料薄膜等，有机垃圾主要包括厨余垃圾、蔬菜果皮等，有毒有害垃圾主要包括农药瓶、废电池等。

（二）总体概述

随着农村人民生活水平不断提高，生活污染产排量不断增加，但基于我国农村地区基础设施建设滞后、生活污染治理基础薄弱的现实，目前缺乏生活中必要的污水与垃圾收集、转运与处理系统，导致村内大部分生活污水在未经处理的情况下直接排入土壤或周边水系，同时产生的生活垃圾未经分类随意堆砌，腐败降解后有机物渗入地下水。因此，与城镇不同，农村的水环境治理必须统筹考虑对污水和垃圾的处理。

二、农村生活污水污染治理

（一）我国农村生活污水现状与特征

由于地理环境以及历史传统等因素，农村村落处于随机、零散分布状态，增加了农村生活污水收集、处理的难度。从农村生活污水来源看，主要包括生活污水和家庭式畜禽养殖污水，这些污水中含有 N、P、病菌、悬浮物等污染物，水体中的污染指标浓度超标。我国农村每年产生的生活污水排放量巨大，有 80% 以上的村镇缺少相应的污水处理设施，村镇污水的处理率不到 10%。

农村生活污水环境污染与治理现状具有以下四个方面的特点。

1. 污水来源广，水质波动大

随着农村居民生活水平的提高及生活方式的转变，农村污水产生量越来越大，使得控制污水排放量难度加大。农村除洗涤污水和生活洗漱污水外，还包括部分畜牧养殖、饲料添加剂等混合类废水，同过去相比，水质波动有进一步扩大的趋势。

2. 治理需求多，投入资金大

我国农村人口众多，排放的生活污水数量大，需投入的治理资金也较庞大。根据其处理规模与排放标准，生活污水治理设施的建设和维护费用一般需几十万元甚至上百万元，这无疑是一个巨大的负担。

3. 居住不集中，收集难度大

农村地区占地面积较大，人口分散，导致污水收集困难，治理难度大。目前农村生活污水的治理系统不完善，大部分地区无污水收集管网，以明渠或暗沟形式直接排入受纳环境水体。

4. 治理意识弱，配合难度大

由于受地区环境、文化教育等因素的影响，农村居民对环境污染的危害性认识不够，因此对污水治理设施的建设与日常运行维护不能积极配合，缺乏主动性。

（二）适用技术及模式

农村生活污水治理适用技术一般应符合以下基本原则和要求。

1. 低投资运行

相对城市而言，农村地区经济承受能力较为薄弱，污水处理规模普遍偏小，且由于地区差异，农村承受能力又各有不同。因此合理地选择处理工艺技术对农村污水处理的正常运行具有重要意义。

2. 宜操作及维护

目前农村污水处理站工作人员对污水处理系统的运行及管理经验相对缺乏，人员素质也参差不齐，因此应尽量采用成熟可靠、稳定性好的处理工艺技术，且自动化控制程度要高，这样可以减少系统运行上的一些不必要的麻烦。

3. 高效率及稳定

我国农村数量多且地理位置分散，基础薄弱，具体处理工艺宜结合当地实际情况，优先采用技术成熟、运行可靠、管理简单的工艺技术与设备。

具体来说，农村生活污水的处理可分为生物法处理技术和生态法处理技术，宜采用的技术主要包括传统活性污泥法、氧化沟、接触氧化、生物滤池、生物转盘、稳定塘、人工湿地、土地快速渗滤等。

根据分散单户处理和集中连片处理两种模式，又可将生活污水治理技术分为分散单户式黑水预处理技术（三格式化粪池法和沼气发酵池法）、人工生态灰水处理技术（人工湿地、土地快速渗滤、稳定塘）和二级生物处理技术（厌氧滤池、生物接触氧化法、脱氮除磷活性污泥法、膜生物反应器法）3 大类、9 种生活污水处理工艺。

分散式污水处理系统更适合低密度社区，比集中式系统节约成本，在分散式居住农村地区可选择分散式处理办法。在实际工程设计中，根据地区污水处理排放环境要求，可以选用一种处理工艺，也可选择几种工艺组合进行。

目前比较流行的单户式黑水预处理污水处理技术是厌氧水解技术，它采用到了大量的化学反应如水解反应、产乙酸反应、产甲烷反应以及发酵酸化反应等。主要利用厌氧过程来有效控制对水体的水解与酸化两个重要阶段。该技术能够在较短时间内获得相对较高的悬浮物去除率，且厌氧水解技术可有效断绝水体与空气的接触空间，结合厌氧微生物进行水解和产酸两项工艺流程。对于生活污水水体来说，其中含有大量的不易降解生物与大分子，该技术可以将它们分解为小分子有机物，保证了污水在后续处理单元可降低能耗，缩短处理时间，为污水处理节约大量成本。

人工湿地技术目前已经被我国农村地区广泛应用，专门用于水体环境保护，改造治理农村生活污水问题。在技术层面，人工湿地技术对废水的处理全面综合了物理、化学和生物三个领域科学技术。成熟的湿地系统会在植物根系及填料表面生成大面积的生物膜，当废水流经生物膜时有机污染物就会被生物膜所吸收，或被同化或被异化，最终被彻底去除。以周围环境为例，该技术也分为好氧、厌氧及缺氧三种状态，它能保证废水中的氮磷元素被植物与微生物作为营养成分直接且充分吸收掉，也能够实现对生活废水的硝化作用，将过量积累的磷元素全面去除。人工湿地所运转的是一套物质传递及转化过程，它保证了湿地床中所有部位废水的氧含量存在差异性。

人工快渗技术近年来在我国农村污水处理领域也逐渐被广泛采用。该技术对传统土地渗滤技术进行重大改进，大幅度提高了水力负荷和运行稳定性，是一项绿色低碳型污水处理技术。该技术以当地的天然砂石及特殊矿物作为污水处理的生物滤料，同时采用二级自然复氧手段供氧，基于湿干交替的运行方式可确保系统长期稳定运行，无须曝气设备和反冲洗设备，不产生剩余活性污泥，管理维护简单，主要适用于我国中小城镇及农村地区的生活污水处理、河道水质净化及饮用水水源地水质安全保障。

三、农村生活垃圾污染治理

（一）我国农村生活垃圾污染现状

近年来，我国对农村地区建设不断加强，但对农村生活垃圾及时有效的处理一直是一个棘手的问题。成吨的生活垃圾露天堆放或简易填埋处置，在侵占大量土地的同时还消耗了本就紧张的人力、物力、财力。成堆的垃圾滋生蚊蝇，引发疾病，散发恶臭，污染空气，不仅影响了农村的村容村貌，还会对人民的健康造成不利影响，成了一颗卫生突发事件产生和蔓延的定时炸弹。

我国农村生活垃圾量大、规模大，但垃圾的有效处理量与垃圾递增的态势脱节，农村环保欠账严重。

（二）适用技术及模式

我国农村生活垃圾处理模式主要分为分散式垃圾处理和集中式垃圾处理。分散式垃圾处理方式是一种小规模处理方式，主要适用于距离城市较远的远郊村或偏远农村。收集和就地处理直接衔接，处理成本较低，但受到规模效应的局限，通常难以达到无害化处理标准。例如，很多村镇通过修建垃圾池、设置垃圾箱，进行垃圾收集及定期清运处理，但大部分地区尚未采用正规化方式处理处置垃圾。集中式垃圾处理即推行多年的“村收集、镇运输、县处理”模式，以焚烧或填埋作为终端处理手段，尤其是垃圾填埋技术，因其操作管理简单、处理量大、适应性强，成为广泛应用的处理方式。村镇垃圾中的可燃成分较多，如秸秆等，用焚烧处理的效率高，减容效果好，也是村镇垃圾资源化处理的重要方式。但是，集中处理对垃圾收运条件要求较高，处理成本较大，对于距离规模化垃圾处理终端设施较远的农村或欠发达农村来说，垃圾集中处理的应用具有一定局限性。

1. 热解气化技术

相较于主流垃圾焚烧项目的趋于大型化，热解气化技术更适用于小型化生活垃圾处理项目。热解是指在不向反应器内通入氧、水蒸气或加热的一氧化碳的条件下，通过间接加热使含碳有机物发生热化学分解，生成燃料（气体、液体和炭黑）的过程。近十多年来，固体废物热解的研究发展较快。

相对焚烧来说，第一，热解气化在热解过程中将废物中的有机物转化成可利用的能量形式，产生燃气、焦油等可储存能源，人们可根据不同需要加以利用，而焚烧只能利用热能。第二，热解可以简化污染控制。固废在无氧条件下炉内处于还原性气氛，污染气体产生量较少，毒性较小。

气化法的产品相对单一，后处理系统相对简单，投资较低，既能保证良好的环保效果，又能将废物中的有机成分转化为燃气，产生的燃气经净化后可用于提纯制甲烷、氢气和 CO 等工业气体，也可作为化工原料用于合成甲醇等化工产品。对固废的适应性而言，热解法在高热值废物制取清洁液体燃料方面比较合适，而对成分复杂的生活垃圾而言，气化法适用性更高。

2. 有机垃圾处理技术

农村垃圾中有机垃圾的成分比重高，在进行垃圾分类后，有机垃圾进行堆肥处理后的堆肥产物也可进行还田处理。堆肥法处理生活垃圾是指凭借微生物的生化作用，在人工控制条件下，将生活垃圾中的有机质分解、腐熟、转换成稳定的类似腐殖质土的方法。

堆肥处理的原理大致可分为厌氧性发酵和好氧性发酵两种。厌氧性发酵是使垃圾减少或者完全隔绝与空气的接触，利用厌氧菌分解有机质，产生CO、水、甲烷和腐殖质土的过程。好氧性发酵是用翻堆、强制送抽风，以好氧菌分解有机质使其稳定的方法，产物为 CO_2、水和腐殖质土等。好氧堆肥技术可以分为静态、半静态和动态堆肥三种。静态堆肥设施投资成本很低，但供氧不均匀，物料结块比较严重，容易产生厌氧微环境，微生物难以迅速均匀地繁衍，发酵周期长，堆肥质量差。与静态堆肥比，半静态和动态堆肥的效果要好得多。动态堆肥把物料充分翻拌和粉碎，使氧气可以充分均匀地分布，微生物繁殖速度加快，垃圾降解速度和效果明显优于静态堆肥。

目前，国内采用的有机垃圾生化处理机以好氧动态发酵为主，部分生化处理机也采用干式厌氧发酵法进行有机垃圾处理，农村垃圾沼气化原理则为厌氧发酵。

（三）近年来治理成效

经过多年发展，我国农村生活垃圾收集和处理比率显著提高，基础设施条件明显改善，治理资金投入不断增加，但是，无害化处理率不高，处理能力地区差异明显。

第一，收集率和处理率显著提高，但无害化率不高，地区差异明显。农村生活垃圾处理已初见成效。

第二，基础设施条件有了较大改善。乡镇拥有的环卫车辆设备和垃圾中转站在数量上有了明显提高。可见，农村垃圾处理的物质条件有了较大改善。

第三，治理资金投入力度不断增加。农村垃圾处理资金投入及其在环卫资金中所占比例持续增加。这充分说明我国目前对农村地区垃圾问题，尤其对农村基层垃圾处理问题的重视。

（四）未来工作方向

通过对欧美和日本各发达国家的农村生活垃圾收运系统的研究，结合我国当前农村现状，我国的农村生活垃圾处理方式的发展趋势将体现在以下几个方面。

1. 建立完善的垃圾分类体系

随着国民经济的快速发展、人民素质的整体提升，未来我国农村生活垃圾治理模式也将从源头开始加强治理，实施分类。建立村民实施的垃圾分类体系、具有十分重要的意义。一是垃圾源头分类，可以通过垃圾产生者的分散劳动取代混合收集后的集中分选工作，省去了垃圾分选等预处理环节，简化了后续处理，降低了成本。二是减量化明显。我国农村生活垃圾 60% 以上为可堆肥类垃圾，村民可以直接就地处理，仅剩下少量难降解垃圾和有害垃圾。三是农村垃圾进行分类收集后，进入填埋场的垃圾量大大降低，延长了垃圾填埋场的使用寿命，降低了对地表水、地下水的污染。

2. 推进农村生活垃圾收运体系建设

随着我国新农村建设步伐的加快，我国农村生活垃圾的处理方式必将有所革新。由于城市环卫体系已基本完善，推行城乡环卫一体化管理是我国未来处理农村生活垃圾的一种重要模式，即“户分类、村收集、乡转运、县市处理”的垃圾处理模式。例如，浙江省在很多农村推行实施“村收集、镇乡中转、市（县）区域处置”的垃圾无害化处理模式。其中余杭区投入大量资金改建、新建垃圾中转站，同时配备专职保洁员，实现了 90% 的农村生活垃圾无害化、资源化处理。四川省琪县也是将城市垃圾管理模式延伸至农村，对农村生活垃圾实行统一管理与处理。在东部沿海及经济相对发达、村镇相对集中地区建立“户分类、村收集、乡转运、市处理”的垃圾处理模式，对建设和谐新农村也具有重要意义：一是将日渐成熟的城市垃圾管理模式延伸至农村，节约成本；二是将农民群众纳入管理队伍，培养农民自觉爱护环境、做好垃圾分类的良好习惯；三是在实现“干干净净、井然有序、和谐宜居”的美丽家园的同时，也为一部分人提供就业岗位。

与此同时，我国部分农村地区经济相对落后、地处偏远、村镇较为分散、交通运输不便、运输成本较高，不宜将农村垃圾运输至城市进行处理。针对以上情况，国务院及住房和城乡建设部适时地提倡“户分类、村收集、村镇就地处理”的垃圾处理模式，应用技术先进、环保合格、检测达标的就地处理设施设备，实现农村生活垃圾的就地处理。

3. 建立综合的生活垃圾处置方式

综观发达国家的农村生活垃圾的处理模式，不难发现均是秉持“避免产生—循环利用—末端处理”的原则，即“减量化、资源化及再处理”。首先限制垃圾产生的数量，其次鼓励资源再生与循环利用，将垃圾加工后生成能源和另一种物质，最后将处理不了的垃圾实施卫生填埋，其中实施资源再生与循环利用是国际上处理垃圾的大趋势。

目前我国农村地区经济仍然比较落后，未来一段时间内垃圾填埋仍是我国农村生活垃圾处理的主要模式。随着经济发展与国民素质的提升，我国农村生活垃圾处理方式将更具有针对性。卫生填埋将逐渐边缘化，取而代之的是焚烧，通过初期的垃圾分类之后，将可燃成分在高温之下进行氧化热分解，将其转化为固体废渣，因此垃圾焚烧是实现垃圾减量化、资源化与无害化的重要举措。

同时针对农村地区垃圾处理规模小、处理距离较近、处理效果较差、处理资金较少的特点，技术可靠、费用合理、生态环保、规模灵活的热解气化技术也是破解当前农村垃圾处理困局的有效方法。未来，热解气化技术将凭借其得天独厚的优势，在农村垃圾处理市场中占据主流，提升农村居住环境，实现美丽乡村，推动农村经济的可持续发展。

四、农村生活污染综合治理方式

（一）国内农村生活污染综合处理模式

我国幅员辽阔，农村地区发展不平衡，不同地区农村的水资源条件、地形地貌、村庄的规模布局及聚集程度、经济水平、道路交通条件、当地风俗习惯、居住方式等条件各不相同，因此需要综合各种因素因地制宜，选择合适的生活污染处理模式。根据上述因素，现今农村生活污染的综合处理模式可以分为城乡一体化处理模式、就地集中处理模式以及分散式家庭处理模式。

1. 城乡一体化处理模式

城乡一体化处理模式，即将生活垃圾以“村集中、镇转运、县处理”或“村集中、镇转运、区清运、市处理”的模式纳入城镇生活垃圾处理系统处理，而生活污水则通过城乡污水管网收集统一纳入城镇污水处理厂处理。该模式适用于离城镇地区距离较近、道路交通发达、拥有较完整的污水收集管道的近郊村落。城乡一体化处理模式的优点是城镇生活污染处理系统技术成熟，通常采用的大型生物处理工艺处理污水效果好且稳定；不需要在当地建立额外的生活垃圾或污水处理设施，土地资源占用少；无须配备专业的污水处理、运行管理技术人员，减少了当地的人力投资。但该模式的缺点是生活垃圾运输成本高，且该模式处理农村生活污水的前提是近郊村落建立完善的农村污水排放与收集管网系统。

2. 就地集中处理模式

（1）农村生活垃圾就地集中处理模式

农村生活垃圾就地集中处理模式，即联合一个或多个村庄，利用堆肥、填埋等技术在当地建立合适的生活垃圾处理设施，对集中收集的生活垃圾进行统一处理。该模式适用于离市区较远但规模较大或几个村落毗邻而居、经济较发达的农村地区。该模式的优点是初期投资和后期运行费用低、运输费用少；可根据当地村落条件建立合适的处理设施，传统的堆肥、填埋工艺操作简单。其缺点是堆肥、填埋技术均易产生二次污染。

（2）农村生活污水就地集中处理模式

农村生活污水就地集中处理模式，即对于规模较大的村庄或联合多个邻近村庄，通过污水收集管道集中到当地建立的中小型污水处理设施进行统一处理。目前国内外已有的小型集中式生活污水处理技术包括高效藻类塘处理技术、厌氧生物处理技术、蚯蚓生态滤池技术、人工湿地技术、土壤渗滤技术等。其中，蚯蚓生态滤池技术适用于 50 ~ 300 户集中性农户生活污水的处理。该模式适用于规模较大、布局较紧密、经济较发达的偏远单村或联村，其特点是村落内需要配套较完善的污水收集管网，污水处理设施以生物处理和自然处理为基础，工艺较为成熟。其优点是可满足中大型偏远村落生活污水处理的需要；缺点是传统好氧生物处理技术能耗较大，而土地处理技术占地面积较大，投资相对较高，需要专人日常管理运行设备。

3. 分散式家庭处理模式

分散式家庭处理模式包括农村生活垃圾家庭处理模式和农村生活污水家庭处理模式。

第一，农村生活垃圾家庭处理模式，是指以家庭为单位，将产生的生活垃圾进行分类，除有机垃圾可并入生活污水处理以外，可回收垃圾经分拣后可进行综合利用或送到回收站再利用，建筑垃圾及灰石渣土可用作农村道路的铺设，而剩余垃圾可就地填埋。该模式适用于布局分散、规模较小、经济不发达的偏远农村。由于这些村落人口密度较低、经济水平不高而环境容量较大，因此垃圾产生量小且垃圾构成相对简单，村落自行消化即可解决生活垃圾问题，但要求村民有良好的垃圾分类意识。

第二，农村生活污水家庭处理模式，主要针对单户或多户家庭，采用家庭式一体化处理装置等分散型水处理设施处理家庭灰水，现今国外应用较广泛的分散型水处理设施主要有日本的小型净化槽技术、澳大利亚的“filter”污水处理系统、韩国湿地污水处理系统等。而黑水及家庭产生的有机垃圾可通过堆肥或沼气工艺进行资源化处理。该模式适用于布局分散、地形复杂、污水不易集中收集处理的村庄。相比大规模集中式生活污水处理模式，分散型处理装置建设周期短、无须铺设长距离输送管道、基建费用低，并可根据当地条件灵活布局、可进行一体化设计。但其缺点是处理效果容易出现波动，简易的堆肥装置肥效低且容易出现二次污染，而低温、低污水浓度是沼气技术限制因素。对于农村生活垃圾的治理，不管采用何种模式，都需提高村民的垃圾分类意识；建立并完善配套的环卫装置及设施，及时清理改造现有的不合理垃圾收集点，避免垃圾渗滤液对土壤及河道造成二次污染；垃圾分类收集与分类处理相互结合，过于单一的垃圾处理工艺会降低垃圾分类效果。对于农村生活污水的处理，需要提高村民的节水意识。不管采用何种模式，都需完善村落的污水排放与收集系统，按照村落布局合理设计污水管网；将垃圾处理模式与污水处理模式有机结合，根据农村自然、经济及社会条件因地制宜选择合理的多元化生活污染处理模式。

（二）对我国农村生活污染综合治理的启示

1. 农村环境污染治理要保证村民的主体地位，以村民自治为主

首先是将环境保护纳入日常生活中。以日本为例，日本农村的垃圾严格按照要求进行分类，按照时段进行收集；农民将现代化技术和原有的传统农耕方式有效结合，农田里基

本看不到农用薄膜，有机垃圾处理后回还农田，定期回收有污染性质的农用塑料制品垃圾。以浙江省“千村示范、万村整治”为例，浙江省在治理过程中，集中利用各项资金来源，广泛开展各项惠农项目，使用惠农基金，承担惠农建设，有效利用资金，提高资金使用率；同时，还强调全员参与，壮大农村治理的内生力量，从政府主导向多元渠道扩展。

2. 政府构建支撑保障体系，制定保障政策，完善保障措施

农户提前将垃圾进行分类和分装，垃圾车来时直接装车运走，整个流程高效便捷，既省时又省力。要建立一套较为完善的法律法规体系、技术标准体系及管理和服务体系，需要几十年的时间。而我国在农村生活污水治理方面目前仅仅是示范阶段，因此普及推广还需要较长一段时间。在中国，农村生活污水治理的工作推广不仅要根据当地情况开发新技术，更主要的是要有步骤地建立管理制度和服务体系、相应的技术标准体系，这样才可以保障污水处理系统的持续运行，才能够实现农村用水的改善。我国应广泛研究发达国家的各种农村污水治理经验，从我国国情出发，逐步完善法律法规，从而实现一条适合我国广大农村、人人受益、高效而有特色的农村水环境治理道路。

3. 普及环保知识，提升村民的环保意识

村民参与意识淡薄，很大一个原因是缺乏环保方面的知识，没有深刻认识到农村环境保护的重要性，也没有认识到保护农村环境就是维护其自身利益。因此，加强农村环保知识的宣传非常重要。现行的政策中，对农村环保知识的普及工作不够重视，人力、物力投入不足，宣传方式没有创新，因此绝大多数农民的环保知识缺乏，环保意识也就无从谈起了。

政府部门首先要加大人力、物力投入。在农村地区，农村环保知识宣传较少，农村环保知识普及工作是一项长期性工作，需要基层政府的长期投入。因此，相关政府部门将环保知识普及写入相关工作计划，同时对各乡镇街道制定考核办法，督促乡镇政府加大人力、物力投入。其次要创新宣传方式。由于农民整体文化水平不高，因而在普及环保知识时，应使用一些便于学习和接受的方式方法。传统的宣传方式如张贴标语、电视广播等形式，其实际宣传推广的效果有限，可以考虑使用有奖竞赛等形式，以创新的宣传方式来推动农村生活污染的治理。

第七章 水环境保护

第一节 水环境保护概述

一、水环境的概念

水环境是指自然界中水的形成、分布和转化所处的空间环境。因此，水环境既可指相对稳定的、以陆地为边界的天然水域所处的空间环境，又可指围绕人群空间及可直接或间接影响人类生活和发展的水体正常功能的各种自然因素和有关的社会因素的总体，也有的指相对稳定的、以陆地为边界的天然水域所处空间的环境。水环境主要由地表水环境和地下水环境两部分组成。地表水环境包括河流、湖泊、水库、海洋、池塘、沼泽、冰川等；地下水环境包括泉水、浅层地下水、深层地下水等。水环境是构成环境的基本要素之一，是人类社会赖以生存和发展的重要场所，也是受人类干扰和破坏最严重的领域。

通常，“水环境”与“水资源”两个词很容易混淆，其实两者既有联系又有区别。如第一章所述，狭义上的水资源是指人类在一定的经济技术条件下能够直接使用的淡水。广义上的水资源是指在一定的经济技术条件下能够直接或间接使用的各种水和水中物质。从水资源这一概念引申，也可以将水环境分为两方面：广义水环境是指所有的以水作为介质来参与作用的空间场所，从该意义上来看基本地球表层都是水环境系统的一部分；而狭义水环境是指与人类活动密切相关的水体的作用场所，主要是针对水圈和岩石圈的浅层地下水部分。

二、水环境问题的产生

水环境问题是伴随着人类对自然环境的作用和干扰而产生的。长期以来，自然环境给人类生存发展提供了物质基础和活动场所，而人类则通过自身的种种活动来改变环境。随着科学技术的迅速发展，人类改变环境的能力日益增强，但发展引起的环境污染则使人类不断受到种种惩罚和伤害，甚至使人类赖以生存的物质基础受到严重破坏。目前，环境问题已成为当今制约、影响人类社会发展的关键问题之一。从人类历史发展来看，环境问题的发展过程可以分为以下三个阶段。

（一）生态环境早期环境破坏阶段

此阶段包括人类出现以后直至工业革命的漫长时期，所以又称为早期环境问题。在原始社会中，由于生产力水平极低，人类依赖自然环境，过着以采集天然植物为生的生活。此时，人类主要是利用环境，而很少有意识地改造环境，因此，当时环境问题并不突出。到了奴隶社会和封建社会时期，由于生产工具不断进步，生产力逐渐提高，人类学会了驯化野生动植物，出现了耕作业和渔牧业的劳动分工。人类利用和改造环境的力量增强，与此同时，也产生了相应的生态破坏问题。由于过量地砍伐森林，盲目开荒，乱采乱捕，滥用资源，破坏草原，造成了水土流失、土地沙化和环境轻度污染问题。但这一阶段的人类活动对环境的影响还是局部的，没有达到影响整个生物圈的程度。

（二）近代城市环境问题

此阶段从工业革命开始到20世纪80年代发现南极上空的臭氧洞为止。18世纪后期，欧洲的一系列发明和技术革新大大提高了人类社会的生产力，人类以空前的规模和速度开采和消耗能源及其他自然资源。新技术使欧洲和美国等地在不到一个世纪的时间里先后进入工业化社会，并迅速向世界蔓延，在世界范围内形成发达国家和发展中国家的差别。这一阶段的环境问题与工业和城市同步发展，发生了震惊世界的“八大公害”事件，其中日本的水俣病事件、富山骨痛病事件均与水污染有关。

与前一时期的环境问题相比，这一时期的特点是：环境问题由工业污染向城市污染和农业污染发展；由点源污染向面源污染发展；局部污染正迈向区域性和全球性污染，构成了世界上第一次环境问题高潮。

（三）全球性环境问题阶段

它始于1984年由英国科学家发现在南极上空出现“臭氧空洞”，构成了第二次世界环境问题高潮。这一阶段环境问题的核心，是与人类生存休戚相关的“淡水资源污染”“海洋污染”“全球气候变暖”“臭氧层破坏”“酸雨蔓延”等全球性环境问题，引起了各国政府和全人类的高度重视。

该阶段环境问题影响是大范围的，乃至全球性的，不仅会对某个国家、某个地区造成危害，而且会对人类赖以生存的整个地球环境造成危害，因此是致命的，又是人人难以回避的。第二次环境问题高潮主要出现在经济发达国家与地区，而当前出现的环境问题，既包括经济发达国家与地区，也包括众多的发展中国家和地区。发展中国家和地区不仅与国际社会面临的环境问题休戚相关，而且本地区面临的诸多环境问题，像植被和水土流失加剧造成的生态破坏，是比发达国家和地区的环境污染更大、更难解决的环境问题。当前出现的高潮既包括了对人类健康的危害，又显现了生态环境破坏对社会经济持续发展的威胁。

总体来看，水环境问题自古就有，并且随着人类社会的发展而发展。人类越进步，水环境问题也就越突出。发展和环境问题是相伴而生的，只要有发展，就不能避免环境问题的产生。要解决环境问题，就要从人类、环境、社会和经济等综合角度出发，找到一种既能实现发展又能保护好生态环境的途径，协调好发展和环境保护的关系，实现人类社会的可持续发展。

三、水环境保护的任务和内容

水环境保护工作，是一个复杂、庞大的系统工程，其主要任务与内容有：

第一，水环境的监测、调查与试验，以获得水环境分析计算和研究的基础资料。

第二，对排入研究水体的污染源的排污情况进行预测，称污染负荷预测，包括对未来水平年的工业废水、生活污水、流域径流污染负荷的预测。

第三，建立水环境模拟预测数学模型，根据预测的污染负荷，预测不同水平年研究水体可能产生的污染时空变化情况。

第四，水环境质量评价，以全面认识环境污染的历史变化、现状和未来的情况，了解水环境质量的优劣，为环境保护规划与管理提供依据。

第五，进行水环境保护规划，根据最优化原理与方法，提出满足水环境保护目标要求的水污染负荷防治最佳方案。

第六，环境保护的最优化管理，应运用现有的各种措施，最大限度地减少污染。

第二节　水体污染与水环境监测

一、水体污染概述

（一）水环境污染

水体就是江河湖海、地下水、冰川等的总称，是被水覆盖地段的自然综合体。它不仅包括水，还包括水中溶解物质、悬浮物、底泥、水生生物等。水体受人类或自然因素的影响，使水的感官性状、物理化学性质、化学成分、生物组成及底质情况等产生恶化，污染指标超过水环境质量标准，称为水污染或水环境污染。

（二）水体自净

污染物进入水体以后，一方面对水体产生污染；另一方面水体本身有一定的净化污染物的能力，使污染物浓度和毒性逐渐下降，经一段时间后恢复到受污染前的状态，这就是水体的自净作用。

广义的水体自净指的是受污染的水体由于物理、化学、生物等方面的作用，使污染物浓度逐渐降低，经一段时间后恢复到受污染前的状态；狭义的水体自净是指水体中的微生物氧化分解有机污染物而使得水体得以净化的过程。水体的自净能力是有限度的。

影响水体自净过程的因素很多，主要有：河流、湖泊、海洋等水体的地形和水文条件；水中微生物的种类和数量；水温和富氧（大气中的氧接触水面溶入水体）状况；污染物的性质和浓度等。

水体自净是一个物理、化学、生物作用极其复杂的过程。

物理净化过程是指污染物在水体中混合、稀释、沉淀、吸附、凝聚、向大气挥发等物理作用下使水体污染物浓度降低的现象，例如污水排入河流后，在下游不远的地方污染浓度就会大大降低，这主要是扩散作用混合、稀释的结果。

化学净化过程是指污染物在水中由于分解与化合、氧化与还原、酸碱反应等化学作用下，致使污染浓度降低或毒性丧失的现象，例如水在流动中，大气里的氧气不断溶入，使铁等离子氧化成难溶的盐类而沉淀，从而减少了它们在水中的含量。

生物净化过程是指在水体内的庞大的微生物群分泌的各种酶的作用下，使污染物不断发生分解和转化为无害物质的现象，例如有机物在细菌作用下，部分转化为菌体，部分转化为无机物；接着细菌又成为水中原生动物的食料，原生动物又成为后生动物、高等水生动物的食物，无机物被藻类等植物吸收并使之发育成长，这样有机物逐步转化为无害无机物和高等水生生物，达到无害化，从而起到净化作用。污水处理厂很多就是根据水体的自净原理，人为地在一个很小的范围内营造一套非常有利的使水体净化的优良条件，使污水在很短的时间内转化为无害的物质，并从水中分离出去，从而达到净化。但也必须指出：污染物在水中的转化，有时也会使水体污染加重，如无机汞的甲基化，可使毒性大大增加。

（三）水环境污染物

水中存在的各种物质（包括能量），其含量变化过程中，凡有可能引起水的功能降低而危害生态健康尤其是人类的生存与健康的，则称它们造成了水环境污染，于是它们被称为污染物，如水中的泥沙、重金属、农药、化肥、细菌、病毒、藻类等。可以说，几乎水中的所有物质，当超过一定限度时都会形成水体污染，因此，一般均称其为污染物。显然，水中的污染物含量不损害要求的水体功能时，尽管它们存在，但并不造成污染。例如水中适当的氮、磷、温度、动植物等，对维持良好的生态系统持续发展还是有益的。所以，千万不能认为水中有污染物存在就一定会造成水体污染。

（四）水环境污染的类别

自然界中的水环境污染，从不同的角度可以划分为各种污染类别。

1. 从污染成因上划分

可以分为自然污染和人为污染。自然污染是指由于特殊的地质或自然条件，使一些化学元素大量富集，或从天然植物腐烂中产生的某些有毒物质和生物病原体进入水体，从而污染了水质。例如，某一地区地质化学条件特殊，某种化学元素大量富集于地层中，由于降水、地表径流，使该元素和其盐类溶解于水或夹杂在水流中而被带入水体，造成水环境污染。或者地下水在地下径流的漫长路径中，溶解了比正常水质多的某种元素和其盐类，造成地下水污染。当它以泉的形式涌出地面流入地表水体时，造成了地表水环境的污染。人为污染则是指由于人类活动（包括生产性的和生活性的）向水体排放的各类污染物质的数量达到使水和水体底泥的物理、化学性质或生物群落组成发生变化，从而降低了水体原始使用价值而造成的水环境污染。

2. 从污染源划分

可分为点污染源和面污染源。

点污染源主要有生活污水和工业废水。由于产生废水的过程不同，这些污水、废水的成分和性质有很大差别。

生活污水主要来自家庭、商业、学校、旅游服务业及其他城市公共设施，包括厕所冲洗水、厨房洗涤水、洗衣机排水、沐浴排水及其他排水等。污水中主要含有悬浮态或溶解态的有机物质，还有氮、磷、硫等无机盐类和各种微生物。

工业废水产自工业生产过程，其水量和水质随生产过程而异，根据其来源可以分为工艺废水、原料或成品洗涤水、场地冲洗水以及设备冷却水等；根据废水中主要污染物的性质，可分为有机废水、无机废水、兼有机物和无机物的混合废水、重金属废水、放射性废水等；根据产生废水的企业性质，又可分为造纸废水、印染废水、焦化废水、农药废水、电镀废水等。

点污染源的特点是经常性排污，其变化规律服从工业生产废水和城市生活污水的排放规律，它的量可以直接测定或者定量化，其影响可以直接评价。

面污染源主要指农村灌溉排水形成的径流、农村中无组织排放的废水、地表径流及其他废水。分散排放的小量污水，也可以列入面污染源。

农村废水一般含有有机物、病原体、悬浮物、化肥、农药等污染物。禽畜养殖业排放的污水，常含有很高的有机物浓度。由于过量施加化肥、使用农药，农田地面径流中含有大量的氮、磷等营养物质和有毒农药。

大气中含有的污染物随降雨进入地表水体，也可以认为是面污染源，如酸雨。此外，天然性的污染源，如水与土壤之间的物质交换，也是一种面污染源。

面源污染的排放是以扩散方式进行的，时断时续，并与气象因素有联系。

3. 从污染的性质划分

可分为物理性污染、化学性污染和生物性污染。

物理性污染是指水的混浊度、温度和水的颜色发生改变，水面的漂浮油膜、泡沫以及水中含有的放射性物质增加等。常见的物理性污染有悬浮物污染、热污染和放射性污染三种。

化学性污染包括有机化合物和无机化合物的污染，如水中溶解氧减少、溶解盐类增加水的硬度变大、酸碱度发生变化或水中含有某种有毒化学物质等。常见的化学性污染有酸碱污染、重金属污染、需氧性有机物污染、营养物质污染、有机毒物污染等。

生物性污染是指水体中进入了细菌和污水微生物，导致病菌及病毒的污染。事实上，水体不只受到一种类型的污染，而是同时受到多种性质的污染，并且各种污染互相影响，不断地发生着分解、化合或生物沉淀作用。

4. 从环境工程学角度划分

依据污染物质和能量（如热污染）所造成的各类型环境问题以及不同的治理措施，从环境工程学角度划分水体污染，可以将水体污染分为病原体污染、需氧物质污染、植物营养物质污染、石油污染、有毒化学物质污染、盐污染和放射性污染等。

（五）水体污染的危害

1. 水体污染严重危害人的健康

水污染后，通过饮水或食物链，污染物进入人体，使人急性或慢性中毒。砷、铬、铵类等，还可诱发癌症。被寄生虫、病毒或其他致病菌污染的水，会引起多种传染病和寄生虫病。重金属污染的水，对人的健康均有危害。被镉污染的水、食物，人饮食后，会造成肾、骨骼病变，摄入硫酸镉 20 mg，就会造成死亡。铅造成的中毒会引起贫血、神经错乱。

六价铬有很大毒性，可引起皮肤溃疡，还有致癌作用。饮用含砷的水，会发生急性或慢性中毒。砷使许多酶受到抑制或失去活性，造成机体代谢障碍，皮肤角质化，引发皮肤癌。有机磷农药会造成神经中毒，有机氯农药会在脂肪中蓄积，对人和动物的内分泌、免疫功能、生殖机能均造成危害。我们知道，世界上 80% 的疾病与水有关。伤寒、霍乱、胃肠炎、痢疾、传染性肝炎是人类五大疾病，均由水的不洁引起。

2. 对工农业生产的危害

水质污染后，工业用水必须投入更多的处理费用，造成资源、能源的浪费。食品工业用水要求更为严格，水质不合格，会使生产停顿。农业使用污水，如果灌溉水中的污染物质浓度过高会杀死农作物，有些污染物还会引起农作物变种，如只开花不结果或者只长秆不结籽等。污染物质滞留在土壤中还会恶化土壤，积聚在农作物中的有害成分会危及人的健康。海洋污染的后果也十分严重，如石油污染，造成海鸟和海洋生物死亡。

3. 水污染造成水生态系统破坏

水环境的恶化破坏了水体的水生态环境，导致水生生物资源的减少、中毒，以致灭绝。水污染使湖泊和水库的渔业资源受到威胁。

4. 水污染加剧了缺水状况

中国是一个缺水严重的国家。随着经济发展和人口的增加，人们对水的需求将更为迫切。水污染实际上减少了可用水资源量，使人们面临的缺水问题更为严峻。

二、水环境质量监测

水环境质量是指水环境对人群的生存和繁衍以及社会经济发展的适宜程度，通常指水环境遭遇污染的程度。水环境监测是指按照水的循环规律，对水的质和量以及水体中影响生态与环境质量的各种人为和天然因素所进行的统一的定时或随时监测。随着经济的不断发展，环境问题日益严重，对于环境质量的监测也就显得尤为重要。

（一）水环境质量监测的实施部门

1. 政府事业部门

环保局下辖环境监测站。几乎每个省市县（区）都有环境监测站。

2. 军区的环境监测站

军区的环境监测站。涉及国家军事机密的环境监测由军区的环境监测站实施。

3. 学校科研单位

一些学校拥有实验室，并通过国家认证，开展环境监测，主要目的是教学科研，也接受一些委托性质的环境监测业务。

4. 民营环境类监测机构

环境保护日益被人们重视起来，随之环境监测市场不断扩大，传统的环境监测站已经不能完全满足社会的环境监测需求，因而国家逐步开放了环境监测领域，民营力量加入了进来。专业从事环境监测，且具备中国计量认证（CMA）资质，开展的项目与环境监测站几乎相同的民营监测机构已成为社会委托性质的环境监测的首选。

（二）水环境质量监测的内容

水环境质量监测的对象可分为纳污水体水质监测和污染源监测，前者包括地表水（江、河、湖、库、海水）和地下水；后者包括生活污水、医院污水及各种工业废水，有时还包括农业退水、初级雨水和酸性矿山排水等。对它们进行监测的内容可概括为以下几个方面。

对进入江、河、湖泊、水库、海洋等地表水体的污染物质及渗透到地下水中的污染物质进行经常性的监测，以掌握水质现状及其发展趋势。

对生产过程、生活设施及其他排放源排放的各类废水进行监视性监测，为污染源管理和排污收费提供依据。

对水环境污染事故进行应急监测，为分析判断事故原因、危害及采取对策提供依据。

为国家政府部门制定环境保护法规、标准和规划，全面开展环境保护管理工作提供有关数据和资料。

为开展水环境质量评价、预测预报及进行环境科学研究提供基础数据和手段。

收集本底数据、积累长期监测资料，为研究水环境容量、实施总量控制与目标管理提供依据。

（三）水环境质量监测程序

水环境质量监测的基本程序如图 7–1 所示。

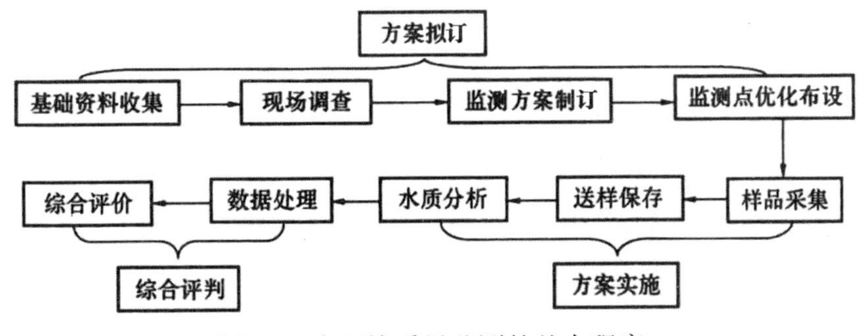

图 7–1 水环境质量监测的基本程序

（四）水环境质量监测站网

水环境质量监测站网是在一定地区，按一定原则，用适当数量的水质监测站构成的水质资料收集系统。根据需要与可能，以最小的代价，最高的效益，使站网具有最佳的整体功能，是水质站网规划与建设的目的。

目前，我国地表水的监测主要由水利和环保部门承担。

水质监测站进行采样和现场测定工程，它是提供水质监测资料的基本单位。根据建站的目的以及所要完成的任务，水质监测站又可分为如下几类：

基本站——通过长期的监测掌握水系水质动态，收集和积累水系水质的基本资料。

辅助站——配合基本站进一步掌握水系水质状况。

（五）水质监测分析方法

一个监测项目往往具有多种监测方法。为了保证监测结果的可比性，在大量实践的基础上，世界各国对各类水体中的不同污染物都颁布了相应的标准分析方法。我国现行的监测分析方法有标准分析方法、统一分析方法和等效分析方法三类。

1. 标准分析方法

包括国家和行业标准分析方法，这是较经典、准确度较高的方法，是环境污染纠纷法定的仲裁方法，也是用于评价其他测试分析方法的基准方法。

2. 统一分析方法

有些项目的监测方法还不够成熟，但又急需测定，为此，经过比较研究，暂时确定为统一的分析方法予以推广，在使用中积累经验，不断完善，为上升成国家标准分析方法创造条件。

3. 等效分析方法

与上述两类方法的灵敏度、准确度、精密度具有可比性的分析方法称为等效分析方法。这类方法常常使用一些比较新的技术，测试简便快速，但必须经过方法验证和对比试验，证明其与标准方法或统一方法是等效的才能使用。

选择方法时应尽可能采用标准分析方法。在涉及污染纠纷的仲裁时，必须选用国家标准分析方法。在某些项目的监测中，尚无“标准”和“统一”分析方法时，可采用 ISO、美国 EPA 和日本 JIS 方法体系等其他等效分析方法，但应经过验证合格。在经常性的测定中，或者待测项目的测定次数频繁时，要尽可能选择方法稳定、操作简单、易于普及、试剂无毒或毒性较小的方法。

（六）水环境质量监测项目

水环境监测的水质项目，随水体功能和污染源的类型不同而异，其污染物种类繁多，可达成千上万种，不可能也无必要一一监测，而是根据实际情况和监测目的，选择环境标准中那些要求控制的影响大、分布范围广、测定方法可靠的环境指标项目进行监测。一般的必测项目有 pH 值、总硬度、悬浮物含量、电导率、溶解氧、生化耗氧量、三氮、挥发酚、氰化物、汞、铬、铅、镉、砷、细菌总数及大肠杆菌等。各地还应根据当地水污染的实际情况，增选其他测定项目。

1. 地表水监测项目

以河流（湖、库）等地表水为例进行说明。河流（湖、库）等地表水全国重点基本站监测项目首先应符合必测项目要求；同时根据不同功能水域污染物的特征，增加部分选测项目。

潮汐河流潮流界内、入海河口及港湾水域应增测总氮、无机磷和氯化物。

重金属和微量有机污染物等可参照国际、国内有关标准选测。

若水体中挥发酚、总氧化物、总砷、六价铬、总汞等主要污染物连续三年未检出时，附近又无污染源，可将监测采样频率减为每年一次，在枯水期进行。一旦检出后，仍按原规定执行。

2. 地下水监测项目

全国重点基本站应符合监测项目要求，同时根据地下水用途增加相关的选测项目。

源性地方病源流行地区应另增测碘、钼等项目。

工业用水应另增测侵蚀性二氧化碳、磷酸盐、总可溶性固体等项目。

沿海地区应另增测碘等项目。

矿泉水应另增测硒、偏硅酸等项目。

农村地下水可选测有机氯、有机磷农药及凯氏氮等项目；有机污染严重地区可选择苯系物、烃类、挥发性有机碳和可溶性有机碳等项目。

（七）采样时间和采样频率的确定

为反映水质随时间的变化，必须确定合理的采样时间和采样频率，其原则如下：

第一，对于较大水系的干流和中小河流，全年采样不少于 6 次，采样时间为丰水期、枯水期和平水期，每期采样 2 次。

第二，对于城市工业区、污染较重的河流、游览水域、饮用水源地，全年采样不少于 12 次，采样时间为每月 1 次或视具体情况选定。

第三，对于底泥，每年在枯水期采样 1 次。

第四，对于潮汐河流，全年丰水期、平水期、枯水期采样，每期采样 2 天，分别在大潮期和小潮期进行，每次应采集当天涨、退潮水样分别测定。

第五，对于设有专门监测站的湖库，每月采样 1 次，全年不少于 12 次；对于其他湖库，每年枯水期、丰水期各 1 次；对于污染较重的湖库、应酌情增加采样次数。

第六，对于地下水背景点，每年采样 1 次；全国重点基本站每年采样 2 次；丰水期、枯水期各 1 次；对于地下水污染较重的控制井，每季度采样 1 次；对于在以地下水做生活饮用水源的地区每月采样 1 次。

（八）水样的采集、运输与保存

1. 水样的采集

为了在现场顺利完成采样工作，采样前，要根据监测项目的性质和采样方法的要求，选择适宜材料的盛水容器和采样器，并清洗干净。此外，还要准备好交通工具，如船只、车辆。采样器具的材质要求化学性能稳定，大小和形状适宜，不吸附欲测组分，容易清洗并可反复使用。

（1）地表水水样的采集

采集表层水样时，可用桶、瓶直接采样，一般将其沉至水面下 0.3 ~ 0.5 m 处采集。采集深层水样时，可使用带有重锤的采样器沉入水中指定的位置（采样点）采集，对于溶解气体（如溶解氧）的水样，常用双瓶采集器采集。此外，还有许多结构复杂的采样器，如深层采水器、电动采水器、自动采水器、连续自动定时采水器等，按使用说明对指定的水体位置采集水样。

（2）地下水水样的采集

从监测井中采集水样，常用抽水机抽取地下水取样。抽水机启动后，先放水数分钟，将积留在管道内的杂质及陈旧水排出，然后用采样器接取水样。对于无抽水设备的水井，可选择合适的专用采水器采集水样。

对于自喷泉水，可在涌水口处直接采样。

（3）底质样品（沉积物）的采集

底质监测断面的布设与水质监测断面相同，其位置应尽可能与水质监测断面一致，以便于将沉积物的组分及其物理化学性质与水质监测情况进行比较。

由于底质比较稳定，故采样频率远较水样低，一般每年枯水期采样一次，必要时可在丰水期增采一次。

底质样品采集量视监测项目、目的而定，一般为 1 ~ 2 kg。表层底质样品一般采用抓式采样器或锥式采样器采集。前者适用于采集量较大的情况，后者采集量较小。管式泥心采样器用于采集柱状样品，以便了解底质中污染物的垂直分布。

2. 水样的运输

各种水质的水样，从采集到分析测定这段时间里，由于环境条件的改变，微生物新陈代谢活动和化学作用的影响，都可能引起水样中某些水质指标的变化。为将这些变化降低到最低程度，应尽可能地缩短运输时间、尽快分析测定和采取适当的保护措施，有些项目则必须在现场测定。

对采集的每一个水样，都要做好记录，在采集容器上贴好标签，尽快运送到实验室。运输过程中，应注意：①要塞紧样品容器口的塞子，必要时用封口胶等密封；②为避免水样在运输过程中因振动、碰撞损坏和沾污，最好将样瓶装箱，并用泡沫塑料等填充物塞紧；③需冷藏的样品，应放入冷藏设备中运输，避免日晒；④冬季应防止水样结冰冻裂样品瓶；⑤水样如通过铁路或公路部门托运，样品瓶上应附上能够清晰识别样品来源及托运到达目的地的装运标签；⑥样品运输必须专门押运，防止样品损坏或玷污；⑦样品移交实验室分析时，接收者与送样者双方应在样品登记表上签名，采样单和采样记录应由双方各存一份备查。

3. 水样的保存

储存水样的容器可能吸附欲测水样中的某些组分，或沾污水样，因此要选择性能稳定、杂质含量低的材料制作的容器。常用的容器材质有硼硅玻璃、石英、聚乙烯、聚四氟乙烯。其中石英、聚四氟乙烯杂质含量少，但价格昂贵，较少使用，一般常规监测中广泛使用硼硅玻璃、聚乙烯材质的容器。

如果采集的水样不能及时分析测定时，应根据监测项目的要求，采取适当的保存措施储放。保存水样的措施一般有：①选择材质性能稳定的容器，以免沾污水样；②控制水样的 pH 值如用 $HN0_3$ 酸化，可防止重金属离子水解沉淀，或用 NaOH 碱化，使水样中的挥发性酚生成稳定的酚盐，防止酚的挥发等；③加入适宜的化学试剂，如生物抑制剂，抑制氧化还原反应和生化作用；④冷藏或冷冻降低细菌活性和化学反应速度。

（九）水样的预处理

环境水样所含组分复杂，并且多数污染组分含量低，存在形态各异，所以在分析测定之前，往往需要进行预处理，以得到合适的试样体系。在预处理过程中，常因挥发、吸附、污染等原因，造成欲测组分含量的变化，故应对预处理方法进行回收率考核。下面介绍常用的预处理方法。

当测定含有机物水样中的无机元素时，需进行消解处理。消解处理的目的是破坏有机物，溶解悬浮性固体，将各种价态的欲测元素氧化成单一高价态或转变成易于分离的无机化合物。消解后的水样应清澈、透明、无沉淀。消解水样的方法有湿式消解法和干式消解法（干灰化法）。

1. 湿式消解法

①硝酸消解法。对于较清洁的水样，可用硝酸消解法在混匀的水样中加入适量浓硝酸，在电热板上加热煮沸，得到清澈透明、呈浅色或无色的试液。蒸至近干，取下稍冷后加 2% 硝酸（或盐酸）20 mL，过滤后的滤液冷至室温备用。

②硝酸－高氯酸消解法。该方法要点是：取适量水样（100 mL）加入 5 mL 硝酸，在电热板上加热，消解至大部分有机物被分解。取下稍冷后加入高氯酸，继续加热至开始冒白烟，如试液呈深色，再补加硝酸，继续加热至冒浓厚白烟将尽（不可蒸干）。取下样品冷却，加入 2% 硝酸，过滤后滤液冷至室温定容备用。

③硝酸－硫酸消解法。这两种酸都有较强的氧化能力，其中硝酸沸点低，而硫酸沸点高，二者结合使用，可提高消解温度和消解效果。常用的硝酸与硫酸的比例为 5 ∶ 2。消解时，先将硝酸加入水样中，加热蒸发至小体积，稍冷，再加入硫酸、硝酸，继续加热蒸发至冒大量白烟，冷却，加适量水，温热溶解可溶盐，若有沉淀，应过滤。为提高消解效果，常加入少量过氧化氢。

④硫酸－磷酸消解法。这两种酸的沸点都比较高，其中硫酸氧化性较强，磷酸能与一些金属离子如 Fe^{3+} 等络合，故二者结合消解水样，有利于测定时消除 Fe^{3+} 等离子的干扰。

⑤硫酸－高锰酸钾消解法。该方法常用于消解测定汞的水样。高锰酸钾是强氧化剂，在中性、碱性、酸性条件下都可以氧化有机物，其氧化产物多为草酸根，但在酸性介质中还可继续氧化。消解要点是：取适量水样，加适量硫酸和 5% 高锰酸钾，混匀后加热煮沸，冷却，滴加盐酸羟胺溶液破坏过量的高锰酸钾。

⑥多元消解法。为提高消解效果，在某些情况下需要采用三元以上酸或氧化剂消解体系。例如，处理测总馏的水样时，用硫酸、磷酸和高锰酸钾消解。

⑦碱分解法。当用酸体系消解水样造成易挥发组分损失时，可改用碱分解法，即在水样中加入氢氧化钠和过氧化氢溶液，或者氨水和过氧化氢溶液，加热煮沸至近干，用水或稀碱溶液温热溶解。

2. 干式消解法

干式消解法也称干灰化法。多用于固态样品（如沉积物、底泥等底质）以及土壤样品的分解。其处理过程一般是：取适量样品于白瓷或石英蒸发皿中，置于水浴锅上蒸干后移入马弗炉内，于 450 ~ 550 ℃灼烧到残渣呈灰白色，使有机物完全分解除去。取出蒸发皿，冷却，用适量 2% 硝酸（或盐酸）溶解样品灰分，过滤，滤液定容后供测定。

干式消解法的优点是安全、快速、没有试剂对样品和环境的污染；缺点是待测成分因挥发或与其他的组分（如硅酸盐）形成不溶性化合物而不能定量回收。故本方法不适用于处理测定易挥发组分（如砷、汞、镉、硒、锡等）的水样。

3. 微波消解法

该方法的原理是在 2450 MHz 的微波电磁场作用下，样品与酸的混合物通过吸收微波能量，使介质中的分子相互摩擦，产生高热；同时，交变的电磁场使介质分子产生极化，由极化分子的快速排列引起张力。由于这两种作用，样品的表面层不断被搅动破裂，产生新的表面与酸反应。由于溶液在瞬间吸收了辐射能，取代了传统分解方法所用的热传导过程，因而分解快速。

微波消解法与经典消解法相比具有以下优点：样品消解时间大大缩短；由于参与作用的消化试剂量少，因而消化样品具有较低的空白值；由于使用密闭容器，样品交叉污染的机会少，同时也消除了常规消解时产生大量酸气对实验室环境的污染，另外，密闭容器减少了或消除了某些易挥发元素的消解损失。

当水样中的欲测组分含量低于测定方法的测定下限时，就必须进行富集或浓缩；当有共存干扰组分时，就必须采取分离或掩蔽措施。富集和分离过程往往是同时进行的，常用的方法有过滤、挥发、蒸馏、溶剂萃取、离子交换、吸附、共沉淀、色谱分离、低温浓缩等，要根据具体情况选择使用。

①挥发分离法是利用某些污染组分易挥发，用惰性气体带出而达到分离目的的方法。例如，用冷原子荧光法测定水样中的汞时，先将汞离子用氯化亚锡还原为原子态汞，再利用汞易挥发的性质，通入惰性气体将其带出并送入仪器测定；用分光光度法测定水中的硫化物时，先使其在磷酸介质中生成硫化氢，再用惰性气体载入乙酸锌—乙酸钠溶液中吸收，从而达到与母液分离的目的。

②蒸馏法是利用水样中各组分具有不同的沸点而使其彼此分离的方法，分为常压蒸馏、减压蒸馏、水蒸气蒸馏、分馏法等。测定水样中的挥发酚、氰化物、氟化物时，均需在酸性介质中进行常压蒸馏分离；测定水样中的氨氮时，需在微碱性介质中常压蒸馏分离。蒸馏具有消解、分离和富集三种作用。

③溶剂萃取是根据物质在不同的溶剂中分配系数不同，从而达到组分的分离与富集的

目的，常用于水中有机化合物的预处理。根据相似相溶原理，用一种与水不相溶的有机溶剂与水样一起混合振荡，然后放置分层，此时有一种或几种组分进入有机溶剂中，另一些组分仍留在试液中，从而达到分离、富集的目的。该法常用于常量元素的分离及痕量元素的分离与富集；若萃取组分是有色化合物，可直接用于测定吸光度。

④吸附法利用多孔性的固体吸附剂处理流体混合物，使其中所含的一种或数种组分吸附于固定表面上以达到分离的目的。再按照吸附机理可分为物理吸附和化学吸附。在水质分析中，常用活性炭、多孔性聚合物树脂等具有大的比表面和吸附能力的物质进行富集痕量污染物，然后用有机溶剂或加热解析后测定。吸附法富集倍数大，一般可达 $10^5 \sim 10^6$，适合低浓度有机污染物的富集；溶剂用量较少；可处理大量的水样；操作较简单。

⑤离子交换法是利用离子交换剂与溶液中的离子发生交换反应进行分离的方法。离子交换法几乎可以分离所，有的无机离子，同时也能用于许多结构复杂、性质相似的有机化合物的分离。在水样前处理中常用作超微量组分的分离和浓集。缺点是工作周期长。离子交换剂分为无机离子交换剂和有机离子交换剂两大类，广泛应用的是有机离子交换剂，即离子交换树脂。

⑥共沉淀法系是指溶液中一种难溶化合物在形成沉淀（载体）的过程中，将共存的某些痕量组分一起载带沉淀出来的现象。共沉淀现象在常量分离和分析中是力图避免的，但却是一种分离富集痕量组分的手段。

⑦冷冻浓缩法是取已除悬浮物的水样，使其缓慢冻结，随之析出相对纯净和透明的冰晶，水样中的溶质保留在剩余的液体部分中，残留的溶液逐渐浓缩，液体中污染物的浓度相应增加。其主要优点是对于由挥发或化学反应及某些沾污所引起的误差可降到最低水平，不会导致明显的生物、化学或物理变化。

三、水环境质量监测在水环境保护中的应用

对于各种用途的水而言，水的各种用途不仅有量的要求还必须有质的保证。但是，人类在生产与生活活动中，将大量的生活污水、工业废水、农业退水及各种废弃物未经处理直接排入水体，造成江河湖库和地下水等水源的污染，使得水质恶化，影响生态系统，威胁人类健康。因此，需要及时了解和掌握水环境质量状况。水环境的质量状况是通过对水质进行连续不断地监测得来的。水质监测是以江河湖库、地下水等水体和工业废水及生活污水的排放口为对象，利用各种先进的科技手段来测定水质是否符合国家规定的有关水质标准的过程。

（一）水资源保护的基本手段

水质监测是进行水资源保护科学研究的基础。根据长期收集的大量水质监测数据，人们就可研究污染物的来源、分布、迁移和变化的规律，对水质污染趋势做出预测，还可在此基础上开展模拟研究，正确评价水环境质量，确定水环境污染的控制对象，为研究水环境污染的控制对策、保护管理好水资源提供科学依据。

（二）监测水资源质量变化

目前的水质监测方式为定期、定点监测各水系的水质，一般河流采样频次每年不得少于 12 次，每月中旬采样分析。正因为水质监测是重复不断地对某处的水质状况连续跟踪监测，所以它可以准确、及时、全面地反映水环境质量状况及发展趋势。同时，针对突发性水污染事件进行快速反应和跟踪监测的水污染应急监测，可以为保证人民群众的生活、生产用水安全及时提供可靠的信息。

（三）保障饮用水源区的供水安全

饮用水源区水质直接关系到人民群众生命安全，为确保水源地的水量、水质能够满足饮用水安全标准要求，需要强化对水源地水量、水质的长期监控措施。

（四）在流域水资源管理中的应用

流域水资源环境监测系统是处理、管理和分析流域内有关水及其生态环境的各种数据的计算机技术系统，主要分析、研究各种水体要素与自然生态环境、人类社会经济环境间相互制约、相互作用、相互耦合的关系，为相关决策的制定提供科学依据。流域水资源环境监测系统以空间信息技术为支持，以数据库技术为基础平台，在综合研究流域内自然地理与生态环境、社会经济发展等因素的基础上，提供与水资源时空分布密切相关的多源信息，建立水资源环境监测数据库和流域水资源环境监测系统，实现流域水资源环境管理信息化，使流域的水资源开发利用、水利工程管理等建立在及时、准确、科学的信息基础之上，更好地为流域可持续发展服务。

第三节 水环境保护措施

随着经济社会的迅速发展、人口的不断增长和生活水平的大幅提高，人类对水环境所造成的污染日趋严重，正在严重地威胁着人类的生存和可持续发展，为解决这一问题，必须做好水环境的保护工作。水环境保护是一项十分重要、迫切和复杂的工作。

一、水环境保护法律法规及管理体制建设

（一）水环境保护法律法规

立法是政策制定的依据，执法是政策落实的保障。自 1978 年改革开放以来，随着我国法制化建设进程的稳步推进，水法律法规体系逐步完善，大大促进了水管理和政策水平的提高。伴随着法制建设的加强，水环境管理执法体系不断健全，有力地保障了各项水环境政策的落实。水环境管理方面已经建立有专项法律法规、行政法规、部门规章以及地方法规和行政规章等。

（二）水环境保护管理体制建设

目前，我国已经初步建立符合我国国情的水环境管理体制，水环境管理归口环境保护部门，水利、建设、农业等部门各负其责，参与水环境管理，形成了“一龙主管、多龙参与”的管理体制。我国的水环境行政管理体制主要在《中华人民共和国环境保护法》《中华人民共和国水法》《中华人民共和国水污染防治法》这三部法律以及国务院“三定”方案中给予了规定。

《中华人民共和国环境保护法》规定：县级以上地方人民政府环境保护行政主管部门，对本辖区的环境保护工作实施统一管理。国家海洋行政主管部门港务监督、渔政渔港监督、军队环境保护部门和各级公安、交通、铁道、民航管理部门，依照有关法律的规定对环境污染防治实施监督管理。县级以上人民政府的土地、矿产、林业、水行政主管部门，依照有关法律的规定对资源的保护实施监督管理。

《中华人民共和国水法》规定：国家对水资源实行流域管理与行政区域管理相结合的管理体制。国务院水行政主管部门负责全国水资源的统一管理和监督工作。国务院水行政主管部门在国家确定的重要江河、湖泊设立的流域管理机构，在所管辖的范围内行使法律、行政法规规定的和国务院水行政主管部门授予的水资源管理和监督职责。县级以上地方人民政府水行政主管部门按照规定的权限，负责本行政区域内水资源的统一管理和监督工作。

《中华人民共和国水污染防治法》规定：县级以上人民政府环境保护主管部门对水污染防治措施统一管理。交通主管部门的海事管理机构对船舶污染水域的防治实施监督管理。县级以上人民政府水行政、国土资源、卫生、建设、农业、渔业等部门以及重要江河、湖泊的流域水资源保护机构，在各自的职责范围内，对有关水污染防治实施监督管理。

从中央层面来看，我国水环境管理职能主要集中在生态环境部与水利部中，其他相关部门在各自的职责范围内配合生态环境部和水利部对水环境进行管理。生态环境部与水利部在水环境管理方面的职能交叉，主要表现为：

第一，生态环境部主管负责编制水环境保护规划、水污染防治规划，水利部门负责编制水资源保护规划。由于水资源具有不同于其他自然资源的整体性和系统性，因此这几类规划间不可避免地存在着重合。

第二，生态环境部和水利部各自拥有一套水环境监测系统，存在重复监测现象，而且由于采用的标准不一样，导致环境监测站和水文站的监测数据不一致，在协调跨地区水环境纠纷时，很难综合运用这些数据。由于部门之间职能交叉重叠，导致水环境管理效率低下，因此应加大部门间的协调沟通力度，进一步改革水环境管理体制。

二、水环境保护的经济措施

采取经济手段进行强制性调控是保护水环境的重要手段。目前，我国在水环境保护方面主要的经济手段是征收污水排污费。污染许可证可交易。

（一）工程水费征收

中华人民共和国成立后，为支援农业，基本上实行无偿供水。这样使得用户认为水不值钱，没有节水观念和措施；大批已建成的水利工程缺乏必要的运行管理和维修费用；国家财政负担过重，影响水利事业的进一步发展。

（二）征收水资源费

目前，我国征收的水资源费主要用于加强水资源宏观管理，如水资源的勘测、监测、评价规划以及为合理利用、保护水资源而开展的科学研究和采取的具体措施。

（三）征收排污收费

1. 排污收费制度

排污收费制度是指国家以筹集治理污染资金为目的，按照污染物的种类、数量和浓度，依照法定的征收标准，对向环境排放污染物或者超过法定排放标准排放污染物的排污者征收费用的制度，其目的是促进排污单位对污染源进行治理，同时也是对有限环境容量的使用进行补偿。

排污费征收的依据：排污费的征收主要依据是《中华人民共和国环境保护法》《中华人民共和国水污染防治法》《中华人民共和国排污费征收使用管理条例》《中华人民共和

国水污染防治法实施细则》《中华人民共和国排污费征收标准管理办法》《中华人民共和国排污费资金收缴使用管理办法》等法律、法规和规章。例如，《中华人民共和国环境保护法》规定“排放污染物超过国家或者地方规定的污染物排放标准的企事业单位，依照国家规定缴纳超标准排污费，并负责治理。《中华人民共和国水污染防治法》另有规定的，依照《中华人民共和国水污染防治法》的规定执行”；《中华人民共和国水污染防治法》规定“直接向水体排放污染物的企事业单位和个体工商户，应当按照排放水污染物的种类、数量和排污费征收标准缴纳排污费”；《排污费征收使用管理条例》规定“直接向环境排放污染物的单位和个体工商户，应当依照本条例的规定缴纳排污费”。

排污费征收的种类：污水排污费的征收对象是直接向水环境排放污染物单位和个体工商户。根据《中华人民共和国水污染防治法》的规定，向水体排放污染物的，按照排放污染物的种类、数量缴纳排污费；向水体排放污染物超过国家或者地方规定的排放标准的，按照排放污染物的种类、数量加倍缴纳排污费；根据《中华人民共和国排污费征收使用管理条例》第二条的规定，排污者向城市污水集中处理设施排放污水、缴纳污水处理费用的，不再缴纳排污费。即污水排污费分为污水排污费和污水超标排污费两种。

2. 排污费征收工作程序

（1）排污申报登记

向水体排放污染物的排污者，必须按照国家规定向所在地环境保护部门申报登记所拥有的污染物排放设施、处理设施，以及正常作业条件下排放污染物的种类、数量、浓度、强度等与排污有关的各种情况，并填报《全国排放物污染物申报登记表》。

（2）排污申报登记审核

环境保护行政主管部门（环境监察机构）在收到排污者的《排污申报登记表》或《排污变更申报登记表》后，应依据排污者的实际排污情况，按照国家强制核定的污染物排放数据、监督性监测数据、物料衡算数据或其他有关数据对排污者填报的《排污申报登记报表》或《排污变更申报登记表》项目和内容进行审核。经审核符合要求的，应于当年元月15 日前向排污者寄回一份经审核同意的《排污申报登记表》；不符合规定的责令补报，不补报的视为拒报。

（3）排污申报登记核定

环境监察机构根据审核合格的《排污申报登记表》，于每月或季末 10 日内，对排污者每月或每季的实际排污情况进行调查与核定。经核定符合要求的，应在每月或每季终了后 7 日内向排污者发出《排污核定通知书》。不符合要求的，要求排污者限期补报。

排污者对核定结果有异议的，应在接到《排污核定通知书》之日起 7 日内申请复核，环境监察机构应当自接到复核申请之日起 10 日内做出复核决定，并将《排污核定复核决定通知书》送达排污者。

环境监察机构对拒报、谎报、漏报并拒不改正的排污者，可根据实际排污情况，依法直接确认其核定结果，并向排污者发出《排污核定通知书》，排污者对《排污核定通知书》或《排污核定复核通知书》有异议的，应先缴费，而后依法提起复议或诉讼。

（4）排污收费计算

环境监察机构应根据排污收费的法律依据、标准，根据核定后的实际排污事实、依据（《排污核定通知书》或《排污核定复核通知书》），根据国家规定的排污收费计算方法，计算确定排污者应缴纳的废水、废气、噪声、固废等收费因素的排污费。

（5）排污费征收与缴纳

排污费经计算确定后，环境监察机构应向排污者送达《排污费缴纳通知单》。

排污者应当自接到《排污费缴纳通知单》之日起 7 日内，向环保部门缴纳排污费。对排污收费行政行为不服的，应在复议或诉讼期间提起复议或诉讼，对复议决定不服的还可对复议决定提起诉讼。当裁定或判决维持原收费行为决定的，排污者应当在法定期限内履行，在法定期限内未履行的，原排污收费做出行政机关应申请人民法院强制执行；当裁定撤销或部分撤销原排污收费行政行为的，环境监察机构依法重新核定并计征排污费。

排污者在收到《排污费缴纳通知书》7 日内不提起复议或诉讼，又不履行的，环境监察机构可在排污者收到《排污费缴纳通知书》之日起 7 日后，责令排污者限期缴纳；经限期缴纳拒不履行的，环境监察机构应依法处以罚款，并从滞纳之日起（第 8 天起）每天加收 2% 滞纳金。

排污者对排污收费或处罚决定不服，在法定期限内未提起复议或诉讼，又不履行的，环境监察机构在诉讼期满后的 180 天内可直接申请法院强制执行。

3.《排污费征收使用管理条例》

《排污费征收使用管理条例》扩大了征收排污费的对象和范围。在征收的对象上，原《征收排污费暂行办法》中的征收对象是单位排污者，对个体排污者不收费，而《排污费征收使用管理条例》将单位和个体排污者，统称为排污者，即只要向环境排污，无论是单位还是个人都要收费。随着城市的发展，生活垃圾、生活废水增长迅速，为了减轻排污压力，调动治污积极性，推动污水、垃圾处理产业化发展，《排污费征收使用管理条例》规定向城市污水集中处理设施排放污水、缴纳污水处理费的，不再缴纳排污费。排污者建成工业固体废弃物储存或处置设施、场所经改造符合环境保护标准的，自建成或者改造完成之日起，不再缴纳排污费。

在收费范围上，原《征收排污费暂行办法》主要针对超标排放收费，未超标排放不收费，而鉴于《中华人民共和国水污染防治法》的规定，新制度中对向水体排放污染物的，规定了超标加倍收费，排污费已由单一的超标收费改为排污收费与超标收费共存。

《排污费征收使用管理条例》确立了排污费的“收支两条线”的原则。排污者向指定的商业银行缴纳排污费，再由商业银行按规定的比例将收到的排污费分别缴到中央国库和地方国库。排污费不再用于补助环境保护执法部门所需的行政经费，该项经费列入本部门预算，由本级财政予以保障。

《排污费征收使用管理条例》规定了罚则，是对排污者未按规定缴纳排污费，以欺骗手段骗取批准减缴、免缴或者缓缴排污费以及环境保护专项资金使用者不按照批准的用途使用环境保护专项资金等违法行为进行处罚的依据，使收取排污费以及排污费的专款专用有了保障。

《排污费征收使用管理条例》关于污水排水费的具体规定：对向水体排放污染物的，按照排放污染物的种类、数量计征污水排污费；超过国家或者地方规定的水污染物排放标准的，按照排放污染物的种类、数量和本办法规定的收费计征的收费额加一倍征收超标准排污费。对向城市污水集中处理设施排放污水、按规定缴纳污水处理费的，不再征收污水排污费。对城市污水集中处理设施接纳符合国家规定标准的污水，其处理后排放污水的有机污染物（化学需氧量、生化需氧量、总有机碳）、悬浮物和大肠杆菌群超过国家或地方排放标准的，按上述污染物的种类、数量和本办法规定的收费标准计征的收费额加一倍，向城市污水集中处理设施运营单位征收污水排污费，对氨氮、总磷暂不收费。对城市污水集中处理设施达到国家或地方排放标准排放的水，不征收污水排污费。

该条例的颁布实施，将为我国环保事业的发展提供有力的法律保障。通过排污收费这一经济杠杆，可鼓励排污者减少污染物的排放，促进污染治理，进而提高资源利用效率，保护和改善环境。

（四）污染许可证可交易

1. 排污许可制度

排污许可制度是指向环境排放污染物的企事业单位，必须首先向环境保护行政主管部门申请领取排污许可证，经审查批准发证后，方可按照许可证上规定的条件排放污染物的环境法律制度。环境保护部根据《中华人民共和国水污染防治法》和《中华人民共和国海洋环境保护法》，制定了《水污染物排放许可证管理暂行办法》，规定：排污单位必须在规定的时间内，持当地环境保护行政主管部门批准的排污申请登记表申请排污许可证。逾期未申报登记或谎报的，给予警告处分和处以5000元以下（含5000元）罚款。在拒报或谎报期间，追缴1～2倍的排污费。逾期未完成污染物削减量以及超出排污许可证规定的污染物排放量的，处以1万元以下（含1万元）罚款，并加倍收缴排污费。拒绝办理排污申报登记或拒领排污许可证的，处以5万元以下（含5万元）罚款，并加倍收缴排污费。被中止或吊销排污许可证的单位，在中止或吊销排污许可证期间仍排放污染物的，按无证排放处理。

但是，排污许可制度在经济效益上存在很多缺陷：许可排污量是根据区域环境目标可达性确定的，只有在偶然的情况下，才可出现许可排污水平正好位于最优产量上，通常是缺乏经济效益的；只有当所有排污者的边际控制成本相等时，总的污染控制成本才达到最小，即使对各企业所确定的许可排污量都位于最优排污水平，由于各企业控制成本不同，也难以符合污染控制总成本最小的原则。由于排污许可证制是指令性控制手段，要有特定的实施机构，还必须从有关行业雇用专业人员，同时，排污收费制度的实施还需要建立预防执法者与污染者相互勾结的配套机制，这些都导致了执行费用的增加。此外，排污许可制度是针对现有排污企业进行许可排污总量的确定，对将来新建、扩建、改建项目污染源的排污指标分配没有设立系统的调整机制，对污染源排污许可量的频繁调整不仅增加了工作量和行政费用，而且容易使企业对政策丧失信心。这些都可能导致排污许可制度在环境目标上的低效率。

2. 污染许可证可交易

所谓可交易的排污许可证制，是对指令控制手段下的排污许可证制的市场化，即建立排污许可证的交易市场，允许污染源及非排污者在市场上自由买卖许可证。排污权交易制具有以下优点：一是规定了整个经济活动中允许的排污量，通过市场机制的作用，企业将根据各自的控制成本曲线，确定生产与污染的协调方式，社会总控制成本的调整将趋于最低。二是与排污收费制相比，排污权交易不需要事先确定收费率，也不需要对收费率做出调整。排污权的价格通过市场机制的自动调整，排除了因通货膨胀影响而降低调控机制有效性的可能，能够提供良好的持续激励作用。三是污染控制部门可以通过增发或收购排污权来控制排污权价格，可大幅度减少行政费用支出。同时非排污者可以参与市场发表意见，一些环保组织可以通过购买排污权达到降低污染物排放、提高环境质量的目的。总之，可交易的排污许可证制是总量控制配套管理制度的最优选择。

三、水环境保护的工程技术措施

水环境保护还需要一系列的工程技术措施，主要包括以下几类。

（一）加强水体污染的控制与治理

1. 地表水污染控制与治理

由于工业和生活污水的大量排放，以及农业面源污染和水土流失的影响，造成地面水体和地下水体污染，严重危害生态环境和人类健康。对于污染水体的控制和治理主要是减少污水的排放量。大多数国家和地区根据水源污染控制与治理的法律法规，通过制定减少营养物和工厂有毒物排放标准和目标，建立污水处理厂，改造给水、排水系统等基础设施建设，利用物理、化学和生物技术加强水质的净化处理，加大污水排放和水源水质监测的力度。对于量大面广的农业面源污染，通过制定合理的农业发展规划、有效的农业结构调整、有机和绿色农业的推广以及无污染小城镇的建设，对面源污染进行源头控制。

污染地表水体治理的另一个重要措施就是内源的治理。由于长期污染，在地表水体的底泥中存在着大量的营养物及有毒有害污染物质，在合适的环境和水文条件下不断缓慢地释放出来，在浓度梯度和水流的作用下，在水体中不断地扩散和迁移，造成水源水质的污染与恶化。目前，底泥的疏浚、水生生态系统的恢复、现代物化与生物技术的应用成为内源治理的重要措施。

2. 地下水污染控制与治理

近年来，随着经济社会的快速发展，工业及生活废水排放量的急剧增加，农业生产活动中农药、化肥的过量使用，城市生活垃圾和工业废渣的不合理处置，我国地下水环境遭受不同程度的污染。地下水作为重要的水资源，是人类社会主要的饮水来源和生活用水来源，对于保障日常生活和生态系统的需求具有重要作用。尤其对我国而言，地下水约占水资源总量的 1/3，地下水资源在我国总的水资源中占有举足轻重的地位。

关于地下水污染治理，国内做了不少基础工作，但在具体的地下水污染治理技术方面积累的不多。

（1）物理处理法

物理法包括屏蔽法和被动收集法。

屏蔽法是在地下建立各种物理屏障，将受污染水体圈闭起来，以防止污染物进一步扩散蔓延。常用的灰浆帷幕法是用压力向地下灌注灰浆，在受污染水体周围形成一道帷幕，从而将受污染水体圈闭起来。其他的物理屏蔽法还有泥浆阻水墙、振动桩阻水墙、块状置换、膜和合成材料帷幕圈闭法等。屏蔽法适合在地下水污染初期作为一种临时性的控制方法。

被动收集法是在地下水流的下游挖一条足够深的沟道，在沟内布置收集系统，将水面漂浮的污染物质收集起来，或将受污染地下水收集起来以便处理的一种方法。在处理轻质污染物（如油类等）时比较有效。

（2）水动力控制法

水动力控制法是利用井群系统，通过抽水或向含水层注水，人为地区别地下水的水力梯度，从而将受污染水体与清洁水体分隔开来。根据井群系统布置方式的不同，水力控制法又可分为上游分水岭法和下游分水岭法。水动力法不能保证从地下环境中完全、永久地去除污染物，被用作一种临时性的控制方法，一般在地下水污染治理的初期用于防止污染物的蔓延。

（3）抽出处理法

抽出处理法是最早使用、应用最广的经典方法，根据污染物类型和处理费用分为物理法、化学法和生物法三类。在受污染地下水的处理中，井群系统的建立是关键，井群系统要控制整个受污染水体的流动。处理地下水的去向主要有两个：一是直接使用；另一个则是多用于回灌。后者为主要去向，用于回灌多一些的原因是回灌一方面可以稀释被污染水体，冲洗含水层；另一方面可以加速地下水的循环流动，从而缩短地下水的修复时间。此方法能去除有机污染物中的轻非水相液体，而对重非水相液体的治理效果甚微。此外，地下水系统的复杂性和污染物在地下的复杂行为常常干扰此方法的有效性。

（4）原位处理法

原位处理法是当前地下水污染治理研究的热点，该方法不单成本低，而且可减少地标处理设施，减少污染物对地面的影响。该方法又可划分为物理化学处理法和生物处理法。物理化学处理法技术手段多样，包括通过井群系统向地下加入化学药剂，实现污染的降解。

对于较浅较薄的地下水污染，可以建设渗透性处理床，污染物在处理床上生成无害化产物或沉淀，进而除去，该方法在垃圾场渗液处理中得到了应用。生物处理法主要是人工强化原生菌的自身降解能力，实现污染物的有效降解，常用的手段包括添加氧、营养物质等。

地下水污染治理难度大，因此要注重污染的预防。对于遭受污染的水体，在污染初期要将污染水体圈闭起来，尽可能地控制污染面积，然后根据地下水文地质条件和污染物类型选择合适的处理技术，实现地下水污染的有效治理。

（二）节约用水、提高水资源的重复利用率

节约用水、提高水资源的重复利用率，可以减少废水排放量，减轻环境污染，有利于水环境的保护。

节约用水是我国的一项基本国策，节水工作近年来得到了长足的发展。据估计，工业用水的重复利用率全国平均在 40% ~ 50% 之间，冷却水循环率为 70% ~ 80%。想要节约用水、提高水资源的重复利用率，人们可以从下面几个方面来进行。

1. 农业节水

农业节水可通过喷灌技术、微灌技术、渗灌技术、渠道防渗以及塑料管道节水技术等农业技术来实现。

2. 工业节水

目前我国城市工业用水占城市用水量的比例为60% ~ 65%，其中约80%由工业自备水源供应。工业用水量所占比例较大、供水比较集中，具有很大的节水潜力。工业可以从以下三个方面进行节水：①加强企业用水管理。通过开源节流，强化企业的用水管理。②通过实行清洁生产战略，改变生产工艺或采用节水及无水生产工艺，合理进行工业或生产布局，以减少工业生产对水的需求。③通过改变生产用水方式，提高水的循环利用率及回用率。提高水的重复利用率，通常可在生产工艺条件基本不变的情况下进行，是比较容易实施的，因而是工业节水的主要途径。

3. 城市节水

城市用水量主要包括综合生活用水、工业企业用水、浇洒道路和绿地用水、消防用水以及城市管网输送漏损水量等其他未预见用水。城市节水可以从以下五个方面进行：①提高全民节水意识。通过宣传教育，使全社会了解我国的水资源现状、我国的缺水状况、水的重要性，使全社会都有节水意识，人人行动起来参与节水行动中，养成节约用水的好习惯。②控制城市管网漏失。改善给水管材，加强漏失管理。③推广节水型器具。常用的节水型器具包括节水型阀门、节水型淋浴器、节水型卫生器具等，据统计，节水型器具设备的应用能够降低城市居民用水量32%以上。④污水回用。污水回用不仅可以缓解水资源的紧张问题，而且可以减轻江河、湖泊等受纳水体的污染。目前处理后的污水主要回用于农业灌溉、工业生产、城市生活等方面。⑤建立多元化的水价体系。水价应随季节、丰枯年的变化而改变；水价应与用水量的大小相关，宜采用累进递增式水价；水价的制定应同行业相关。

（三）市政工程措施

1. 完善下水道系统工程，建设污水、雨水截流工程

减少污染物排放量，截断污染物向江、河、湖、库的排放是水污染控制和治理的根本性措施之一。我国老城市的下水道系统多为雨污合流制系统，既收集、输送污水，又收集、输送雨水，在雨季，受管道容量所限，仅有一部分的雨污混合水被送入污水处理厂，而剩下的未经处理的雨污混合水则被直接排入附近水体，所以造成了水体污染。所以应采取污染源源头控制、改雨污合流制排水系统为分流制、加强雨水下渗与直接利用等措施。

2. 建设城市污水处理厂和天然净化系统

排入城市下水道系统的污水必须经过城市污水处理厂处理后达标才能排放。因此，城市污水处理厂规划和工艺流程设计是十分重要的工作，应根据城市自然、地理、社会经济等具体条件，考虑当前及今后发展的需要，通过多种方案的综合比较分析确定。

许多国家从长期的水系治理中认识到，普及城市下水道、大规模兴建城市污水处理厂、普遍采用二级以上的污水处理技术，是水环境保护的重要措施。

3. 城市污水的天然净化系统

城市污水天然净化系统利用生态工程学的原理及自然界微生物的作用，对废水、污水实现净化处理。在稳定塘、水生植物塘、水生动物塘、湿地、土地处理系统的组合系统中，菌藻及其他微生物、浮游动物、底栖动物、水生植物和农作物及水生动物等进行多层次、多功能的代谢过程，并伴随着物理的、化学的、生物化学的多种过程，使污水中的有机污染物、氮、磷等营养成分及其他污染物进行多级转换、利用和去除，从而实现废水的无害化、资源化与再利用。因此，天然净化系统符合生态学的基本原则，并具有投资少、运行维护费低、净化效率高等优点。

（四）水利工程措施

水利工程在水环境保护中具有十分重要的作用，包括引水、调水、蓄水、排水等各种措施的综合应用，可以调节水资源时空分布，可以改善也可以破坏水环境状况。因此，采用正确的水利工程措施来改善水质、保护水环境是十分必要的。

1. 调蓄水工程措施

可通过在江河湖库水系上修建的水利工程，改变天然水系的丰、枯水量不平衡状况，控制江河径流量，使河流在枯水期具有一定的水量以稀释净化污染物质，改善水资源质量。特别是水库的建设，可以明显改变天然河道枯水期径流量，改变水环境质量。

2. 进水工程措施

从汇水区来的水一般要经过若干沟、渠、支河而流入湖泊、水库，在其进入湖库之前可设置一些工程措施控制水量水质。

①设置前置库对库内水进行渗滤或兴建小型水库调节沉淀，确保水质达到标准后才能汇入大、中型江、河、湖、库之中。

②兴建渗滤沟。此种方法适用于径流量波动小、流量小的情况，这种沟也适用于农村、禽畜养殖场等分散污染源的污水处理，属于土地处理系统。在土壤结构符合土地处理要求且有适当坡度时可考虑采用。

③设置渗滤池，在渗滤池，内铺设人工渗滤层。

3. 湖、库底泥疏浚

利用机械清除湖、库的污染底泥是解决内源磷污染释放的重要措施，能将营养物直接从水体中取出，但会产生污泥处置和利用的问题。可将挖出来的污泥进行浓缩，上清液经除磷后回送至湖、库中，污泥可直接施向农田，用作肥料，并改善土质。在底泥疏浚过程中必须把握好几个关键技术环节：①尽量减少泥沙搅动，并采取防扩散和泄漏的措施，避免悬浮状态的污染物对周围水体造成污染。②高定位精度和高开挖精度可彻底清除污染物，并能尽量减少挖方量，在保证疏浚效果的前提下，降低工程成本。③避免输送过程中的泄漏对水体造成二次污染。④对疏浚的底泥进行安全处理，避免污染物对其他水系和环境产生污染。

（五）生物工程措施

可利用水生生物及水生态环境食物链系统达到去除水体中氮、磷和其他污染物质的目的。其最大的特点是投资省、效益好，有利于建立水生生态循环系统。

四、水环境保护规划

（一）水环境保护规划概述

水环境保护规划是指将经济社会与水环境作为一个有机整体，根据经济社会的发展以及生态环境系统对水环境质量的要求，以实行水污染物排放总量控制为主要手段，从法律、行政、经济、技术等方面，对各种污染源和污染物的排放制定总体安排，以达到保护水资源、防治水污染和改善水环境质量的目的。

水环境保护规划是区域规划的重要组成部分，在规划中需遵循可持续发展和科学发展观的总体原则；并根据规划类型和内容的不同而体现如下的一些基本原则：前瞻性和可操作性原则；突出重点和分期实施原则；以人为本、生态优先、尊重自然的原则；坚持预防为主、防治结合的原则；水环境保护和水资源开发利用并重、社会经济发展与水环境保护协调发展的原则。

我国水环境保护规划编制工作始于20世纪80年代，先后完成了洋河、渭河、沱江、湘江、深圳河等河流的水环境保护规划编制工作。水环境保护规划曾有水质规划、水污染控制系统规划、水环境综合整治规划、水污染防治综合规划等几种不同的提法，在国内应用的起始时间、特点及发展过程不尽相同，但是从保护水环境、防治水污染的目的出发，又有许多相同之处，目前已交叉融合，趋于一体化。随着人口、工农业及城市的快速发展，水污染日趋严重，水环境保护也从单一的治理措施，发展到同土地利用规划、水资源综合规划、国民经济社会发展规划等协调统一的水环境保护综合规划。

（二）水环境保护规划的目的、任务和内容

水环境保护规划的目的是：协调好经济社会发展与水环境保护的关系，合理开发利用水资源，维护好水域水量、水质的功能与资源属性，运用模拟和优化方法，寻求达到确定的水环境保护目标的最低经济代价和最佳运行管理策略。

水环境保护规划的基本任务是：根据国家或地区的经济社会发展规划、生态文明建设要求，结合区域内或区域间的水环境条件和特点，选定规划目标，拟订水环境治理和保护方案，提出生态系统保护、经济结构调整建议等。

水环境保护规划的主要内容包括水环境质量评估、水环境功能区划、水污染物预测、水污染物排放总量控制、水污染防治工程措施和管理措施拟定等。

（三）水环境保护规划的类型

水环境保护规划按不同的划分方法，可将其分为三类。

1. 按规划层次分类

根据水污染控制系统的特点，可将水环境保护规划分成三个相互联系的规划层次，即流域规划、区域（城市）规划、水污染控制设施规划。不同层次的规划之间相互联系、相互衔接，上一层规划对下一层规划提出了限制条件和要求，具有指导作用，下一层规划又是上一层规划实施的基础。一般来说，规划层次越高、规模越大，需要考虑的因素越多，技术越复杂。

①流域规划。流域是一个复杂的巨大的系统，各种水环境问题都可能发生。流域规划研究受纳水体控制的流域范围内的水污染防治问题。其主要目的是确定应该达到或维持水体的水质标准；确定流域范围内应控制的主要污染物和主要污染源；依据使用功能要求和水环境质量标准，确定各段水体的环境容量，并依次计算出每个污水排放口的污染物最大容许排放量；提出规划实施的具体措施和途径；最后，通过对各种治理方案的技术、经济和效益分析，提出一两个最佳的规划方案供决策者决策。流域规划属于高层次规划，通常需要高层次的主管部门主持和协调。

②区域规划。区域规划是指流域范围内具有复杂的污染源的城市或工业区的水环境规划。区域规划是在流域规划的指导下进行的，其目的是将流域规划的结果——污染物限制排放总量分配给各个污染源，并以此制订具体的方案，作为环境管理部门可以执行的方案。区域规划既要满足上层规划——流域规划对该区域提出的限制，又要为下一层次的规

划——设施规划提供依据。

我国地域辽阔，区域经济社会发展程度不同，水环境要素有着显著的地域特点。不同区域的水环境保护规划有不同的内容和侧重点，按地区特点制定区域水环境保护规划能较好地符合当地实际情况，既经济合理，也便于实施。

③设施规划。设施规划是对某个具体的水污染控制系统，如一个污水处理厂及与其有关的污水收集系统做出的建设规划。该规划应在充分考虑经济、社会和环境诸因素的基础上，寻求投资少、效益大的建设方案。设施规划一般包括以下几个方面：关于拟建设施的可行性报告，包括要解决的环境问题及其影响、对流域和区域规划的要求等；说明拟建设施与其他现有设施的关系，以及现有设施的基本情况；第一期工程初步设计、费用估计和执行进度表；可能的分阶段发展、扩建和其他变化及其相应的费用；被推荐的方案和其他可选方案的费用——效益分析；对被推荐方案的环境影响评价，其中应包括是否符合有关的法规、标准和指控指标，设施建成后对受纳水体水质的影响等；当地有关部门、专家和公众代表的评议，并经地方主管机构批准。

2. 按水体分类

①河流规划。河流规划是以一条完整河流为对象而编制的水环境保护规划，规划应包括水源、上游、下游及河口等各个环节。

②河段规划。河段规划是以一条完整河流中污染严重或有特殊要求的河段为对象、在河流规划指导下编制的局部河段水环境保护规划。

③湖泊规划。湖泊规划是以湖泊为主要对象而编制的水环境保护规划，规划时要考虑湖泊的水体特征和污染特征。

④水库规划。水库规划是以水库及库区周边区域为主要对象而编制的水环境保护规划。

3. 按管理目分类

①水污染控制系统规划。水污染控制系统是由污染物的产生、处理、传输以及在水体中迁移转化等各种过程和影响因素所组成的系统。广义上讲，水污染控制系统规划涉及人类的资源开发、社会经济发展规划以及与水环境保护之间的协调问题。它以国家或地方颁布的法规和标准为基本依据，在考虑区域社会经济发展规划的前提下，识别区域发展可能存在的水环境问题，以水污染控制系统的最佳综合效益为总目标，以最佳适用防治技术为对策集合，统筹考虑污染发生—防治—排污体制—污水处理—水质及其与经济发展、技术改进和综合管理之间的关系，进行系统的调查、监测、评价、预测、模拟和优化决策，寻求整体优化的近、中、远期污染控制规划方案。

②水质规划。水质规划是为使既定水域的水质在规划水平年能满足水环境保护目标需求而开展的规划工作。在规划过程中通过水体水质现状分析，建立水质模型，利用模拟优化技术，寻求防治水体污染的可行性方案。

③水污染综合防治规划。水污染综合防治规划是为保护和改善水质而制定的一系列综合防治措施体系。在规划过程中要根据规划水平年的水域水质保护目标，运用模拟和优化方法，提出防治水污染的综合措施和总体安排。

（四）水环境保护规划的基本原则

水环境保护规划是一个反复协调决策的过程，一个最佳的规划方案应是整体与局部、主观与客观、近期与长远、经济与环境效益等各方面的统一。因此，要想制定一个好的、切实可行的水环境规划并使之得到最佳的效果，必须按照一定的原则，合理规划，正确执行。应考虑的主要原则如下：

①水环境保护规划应符合国家和地方各级政府制定的有关政策，遵守有关法律法规，以使水环境保护工作纳入“科学治水、依法管水”的正确轨道。

②以经济、社会可持续发展的战略思想为依据，明确水环境保护规划的指导思想；

③水环境目标要切实可行，要有明确的时间要求和具体指标。

④在制定区域经济社会发展规划的同时，制定区域水环境保护规划，两者要紧密结合，经济目标和环境目标之间要综合平衡后加以确定。

⑤要进行全面的效益分析，实现环境效益与经济效益、社会效益的统一。

⑥严格执行水污染物排放实现总量控制制度和最严格水资源管理制度，推进水环境、水资源的有效保护。

（五）水环境保护规划的过程与步骤

水环境保护规划的制定是一个科学决策的过程，往往需要经过多次反复论证，才能使各部门之间以及现状与远景、需要与可能等多方面协调统一。因此，规划的制定过程实际上就是寻求一个最佳决策方案的过程。虽然不同地区会有其侧重点和具体要求，但一般都按照以下四个环节来开展工作。

1. 确定规划目标

在开展水环境保护规划工作之前，首先要确立规划的目标与方向。规划目标主要包括规划范围、水体使用功能、水质标准、技术水平等。它应根据规划区域的具体情况和发展需求来制定，特别是要根据经济社会的发展要求，从水质和水量两个方面来拟定目标值。规划目标是经济社会与环境协调发展的综合体现，是水环境保护规划的出发点和归宿。规划目标的提出需要经过多方案比较和反复论证，在规划目标最终确定前要先提出几种不同的目标方案，再经过对具体措施的论证以后才能确定最终目标。

2. 建立模型

为了进行水污染控制规划的优化处理，需要建立污染源发生系统、水环境（污水承纳）

系统水质与污染物控制系统之间的定量关系，亦即水环境数学模式，包括污染量计算模式、水质模拟模式、优化计算模式等。同时包括模式的概念化、模式结构识别、模式参数估计、模式灵敏度分析、模式可靠性验证及应用等步骤。

3. 模拟和优化

寻求优化方案是水环境保护规划的核心内容。在水环境保护规划中，通常采用两种寻优方法：数学规划法和模拟比较法。数学规划法是一种最优化的方法，包括线性规划法、非线性规划法和动态规划法。它是在满足水环境目标，并在与水环境系统有关要素约束和技术约束的条件下，寻求水环境最优的规划方案。其缺点是要求资料详尽，而且得到的方案是理想状态下的方案。模拟比较法是一种多方案模拟比较的方法。它是结合城市、工业区的发展水平与市政的规划建设水平，拟定污水处理系统的各种可行方案，然后根据方案中污水排放与水体之间的关系进行水质模拟，检验规划方案的可行性，通过损益分析或其他决策分析方法来进行方案优选。应用模拟比较法得到的解，一般不是规划的最优解。由于这种方法的解的好坏在很大程度上取决于规划人员的经验和能力，因此在规划方案的模拟选优方法时，要求尽可能多地提出一些初步规划方案，以供筛选。当数学规划法的条件不具备、应用受限制时，模拟比较法是一种更为有效的使用方法。

4. 评价与决策

评价是对规划方案实施后可能产生的各种经济、社会、环境影响进行鉴别、描述和衡量。为此，规划者应综合考虑政治、经济、社会、环境、资源等方面的限制因素，反复协调各种水质管理矛盾，做出科学决策，最终选择一个切实可行的方案。

参考文献

[1] 曾光宇，王鸿武 . 水利坚持节水优先强化水资源管理 [M]. 昆明：云南大学出版社，2020.

[2] 曹升乐，孙秀玲，庄会波 . 水资源管理“三条红线”确定理论与应用 [M]. 北京：科学出版社，2020.

[3] 康德奎，王磊 . 内陆河流域水资源与水环境管理研究 [M]. 郑州：黄河水利出版社，2020.

[4] 耿雷华，黄昌硕，卞锦宇，等 . 水资源承载力动态预测与调控技术及其应用研究 [M]. 南京：河海大学出版社，2020.

[5] 王亚敏 . 居民幸福背景下的水资源管理模式创新研究 [M]. 长春：吉林大学出版社，2019.

[6] 潘奎生，丁长春 . 水资源保护与管理 [M]. 长春：吉林科学技术出版社，2019.

[7] 李泰儒 . 水资源保护与管理研究 [M]. 长春：吉林大学出版社，2019.

[8] 张秀菊 . 水资源规划管理 [M]. 南京：河海大学出版社，2019.

[9] 傅国圣 . 水文水资源技术与管理研究 [M]. 延吉：延边大学出版社，2019.

[10] 王永党，李传磊，付贵 . 水文水资源科技与管理研究 [M]. 汕头：汕头大学出版社，2018.

[11] 马浩，刘怀利，沈超 . 水资源取用水监测管理系统理论与实践 [M]. 合肥：中国科学技术大学出版社，2018.

[12] 康彦付，陈峨印，张猛 . 水资源管理与水利经济 [M]. 长春：吉林科学技术出版社，2018.

[13] 李继清，彭玲，李安强 . 突变理论在水资源管理中的应用 [M]. 北京：中国水利水电出版社，2018.

[14] 王非，崔红波，贾茂平 . 水资源利用及管理 [M]. 北京：中国纺织出版社，2018.

[15] 王慧敏 . 水资源协商管理与决策 [M]. 北京：科学出版社，2018.

[16] 海青 . 水资源高效利用与管理探究 [M]. 哈尔滨：哈尔滨工业大学出版社，2018.

[17] 万红，张武 . 水资源规划与利用 [M]. 成都：电子科技大学出版社，2018.

[18] 王建群，任黎，徐斌 . 水资源系统分析理论与应用 [M]. 南京：河海大学出版社，2018.

[19] 徐静，张静萍，路远 . 环境保护与水环境治理 [M]. 长春：吉林人民出版社，2021.

[20] 聂菊芬，文命初，李建辉 . 水环境治理与生态保护 [M]. 长春：吉林人民出版社，2021.

[21] 闫学全，田恒，谷豆豆 . 生态环境优化和水环境工程 [M]. 汕头：汕头大学出版社，2021.

[22] 郭宇杰，赵梦蝶，冉云龙 . 水环境安全评价与水处理新技术 [M]. 北京：中国水利水电出版社，2021.

[23] 张宝军 . 水环境监测与治理职业技能设计 [M]. 北京：中国环境出版集团，2020.

[24] 于开红 . 海绵城市建设与水环境治理研究 [M]. 成都：四川大学出版社，2020.

[25] 王民浩，孔德安 . 中国水环境治理产业发展研究报告 [M]. 北京：中国环境出版集团，2020.

[26] 李璐 . 水环境审计研究 [M]. 北京：经济科学出版社，2020.

[27] 宋淑红，侯宏冰 . 爱护水环境 [M]. 北京：地质出版社，2019.

[28] 杨波 . 水环境水资源保护及水污染治理技术研究 [M]. 北京：中国大地出版社，2019.

[29] 正和恒基 . 海绵城市 + 水环境治理的可持续实践 [M]. 南京：江苏凤凰科学技术出版社，2019.

[30] 刘雅玲，张文静，王东 . 水环境总体规划技术方法及案例分析 [M]. 北京：中国环境出版集团，2018.